Architecture Dramatic丛书

勒·柯布西耶建筑创作中的九个原型

[日]越后岛研一 著

徐苏宁 吕 飞 译

中国建筑工业出版社

著作权合同登记图字：01-2004-4357 号

图书在版编目（CIP）数据

勒·柯布西耶建筑创作中的九个原型/（日）越后岛研一著；徐苏宁，吕飞译.
北京：中国建筑工业出版社，2005（2023.4 重印）
（Architecture Dramatic 丛书）
ISBN 978-7-112-07897-4

Ⅰ. 勒... Ⅱ.①越...②徐...③吕... Ⅲ. 建筑设计-研究-法国-现代
Ⅳ. TU2

中国版本图书馆 CIP 数据核字（2005）第 123799 号

责任编辑：白玉美 刘文昕
责任设计：郑秋菊
责任校对：李志立 张 虹

Japanese title：Le Corbusier/Sosaku wo sasaeta kokonotsu no genkei by Kenichi
Echigojima
Copyright © 2003 by Kenichi Echigojima Original Japanese edition
Published by SHOKOKUSHA Publishing Co.，Ltd.，Tokyo，Japan

本书由日本彰国社授权翻译出版

Architecture Dramatic 丛书
勒·柯布西耶建筑创作中的九个原型
［日］越后岛研一 著
徐苏宁 吕 飞 译
＊
中国建筑工业出版社出版、发行（北京海淀三里河路 9 号）
各地新华书店、建筑书店经销
北京嘉泰利德公司制版
北京建筑工业印刷厂印刷
＊
开本：787×1092 毫米 1/32 印张：$6\frac{1}{2}$ 字数：150 千字
2006 年 1 月第一版 2023 年 4 月第九次印刷
定价：**32.00** 元
ISBN 978-7-112-07897-4
　　　（31381）
版权所有 翻印必究
如有印装质量问题，可寄本社退换
（邮政编码 100037）

前　言

　　放眼当今的世界，那些如同豆腐块一样四四方方的建筑，100年前在任何地方都是看不到的。建筑发展到19世纪，从19世纪90年代开始才有了清晰明确的变化，到20世纪20年代，产生了和现代建筑血缘最接近的建筑形式。这个巨大转折点的开始和结束是完全不同的，19世纪末被华丽装饰所覆盖的建筑和20世纪20年代拒绝装饰附加物的纯净几何学建筑，使人看到了它们所具有的不同的想像力。理解这个转折点的全部内容及变化过程是比较困难的。可以说，对19世纪末过分装饰的厌倦产生了一种反作用力，使人们选择了相反的没有装饰的创作方向。这个时期，连柯布西耶也给予关注的阿道夫·卢斯是我们可以举出的有力例证。20世纪初期，卢斯主张"装饰就是罪恶"，剥夺了建筑的附加物，创造出了近似于今日建筑的纯粹箱型建筑。另外，也有一些其他的观点，即当时由于对新颖的植物形态的热衷，因而能够使创作者从占据了想像力大部分空间的历史样式中跳出来。因此，不去参照过去的范例而依靠自己的想像力进行创作的勇气受到了欢迎，于是，充满植物装饰的风格起到了一种积极的作用，为向完全不同的几何学建筑形式的过渡作好了准备。

　　以上可以说是对看起来不连续的发展作的一些说明，虽然有些牵强，但好像也没有其他更自然的解释了。演变好像在中间是中断了，实际上在任何地方你也看不到那种流畅的延续。例如，19世纪末装饰物覆盖了整个建筑墙壁，在建筑形态上强调"表层的存在感"；而20世纪20年代产生的新建筑形式，是以在纤细的墙体构造外面轻轻地蒙上一层犹如皮肤膜似的墙皮作为基本构想的。前者是通过"视觉的效果"来表达的，而后者则是通过"现实的墙面"使人感受到的，因此它也可以被称为是"轻柔的独立表层"。这期间由奥托·瓦格纳设计的维也纳邮政储蓄银行（1906），虽然承袭了传统的古典外观，但体现出一种不可思议的轻盈感。建筑独自强调覆盖在其表面的一块薄石板的存在感，因而整体的重量感变得极轻。19世纪末之后，"强调表层"的感觉似乎得到延续，同时，从重视植物形态向重视几何学形态转移。也就是说，即便是看起来不延续的过程，也能从另一个侧面佐证到它的延续。

柯布西耶的风格，在20世纪20年代和20世纪50年代是完全不同的。很难想像以一个建筑师的思维能描绘出如此变化丰富的创作轨迹。但是，就像前面所举的例子一样，从某一方面还是能够看出其流畅延续的特征的。从柯布西耶晚年的看起来完全自由的造型语言来看，未必与20世纪20年代的创作足迹没有关系，不用说这是从初期开始的长时间延续和积累的结果，而且，一些乍看起来没有变化的延续特征，也保证了其创作的丰富性，从而带来了高度的成熟。

本书试图具体地分析与追溯柯布西耶作品中的这些"延续的特征"，从而去了解这位建筑史上有着显著建筑活动的人物在保持显

拉维莱特"拉普大街的建筑"（左） 1901年巴黎市第一座由混凝土建造的建筑，在建筑形态开始转变的19世纪末，过分的表面装饰是一个显著的特征。

库克住宅（1926 右） 充分体现了柯布西耶主张的"新建筑5点"，结束了曲线的使命，宣告了现代建筑风格的诞生。以没有装饰的几何学形态为基本特征，荷载由内侧的立柱承担，外墙犹如一张薄而轻的皮肤覆盖在其上。以上两个作品同在巴黎，表达了各自建造时代的最前沿的建筑动向。两者的巨大差异让我们思考："这25年间到底发生了什么？"

阿道夫·卢斯的绍伊住宅（1913） 没有任何装饰附加物，预示着几何学形态的支配作用。

奥托·瓦格纳的邮政储蓄银行（1906） 一看就知道它是古老的建筑，还残存有过去的附加物和装饰。但在外墙上强调留在安装板上的铆钉，强调"粘贴物"其表面显著的存在感。在这一点上比卢斯的作品更早地预示了近代建筑的风格，是看起来不延续中的延续。

19世纪末开始的近代风格形成过程中的不连续和连续 我们关注的是在不长时间内的急剧变化是如何形成的。

著变化的同时，是如何积累形成独特的创作世界的。通过研读柯布西耶总共八卷的全集中登载的庞大作品群，我们大概可以系统地解读出其中的一些重要线索。

为柯布西耶写过评论的 S·F·莫斯列举了柯布西耶从创作早期到晚年诸如雪铁龙型剖面、衣柜型构造等创作特征。认为拉罗什住宅（1924）的入口大厅和朗香教堂（1955）的内部是相似的，前者在中厅的箱型空间里插入一个像桥一样的夹层，楼梯的休息平台就像布道坛一样突出于空间之中；如同巴洛克教堂的创作方法一样，到朗香教堂时，具有相同突出物的教堂内部结构基本上没有什么新的变化。

如果你走在贝沙克居住区（1926）的中央大道上，就能感觉到它们不仅仅是一个个箱型住宅的彼此并列，而且能感觉到其外部空间的个性和魅力。在街道的一侧，建筑物三层部分的外墙上，楼梯和休息平台突出于墙身之外；而在街道的另一侧，在建筑物二层的高度上挑出一个大阳台，高处的斜线和低处的水平线，似乎从两侧一起压向行人。虽说是街道，柯布西耶那独特的、增强空间活力的个性化表现方法和拉罗什住宅以及朗香教堂的创作方法是类似的。不管是外部还是内部，我们都能感觉到柯布西耶在创造空间特征时的一个延续下来的型。在不能说有什么革新的贝沙克居住区以及其他作品中，处处都能看到贯穿柯布西耶创作轨迹的型的延续。柯布西耶的 20 世纪 20 年代，是向其名作萨伏伊别墅汇聚概念的时期，但同时也探讨了许多重要的形态问题，我们就以它为轴心来思考柯布西耶的创作活动。

朗香教堂（1955） 光束穿过南侧厚厚的墙壁投入到室内，北侧有两个突出的物体，分别是具有曲线轮廓的"夹层平台"和像是从后面伸出来的"楼梯加休息平台"。

朗香教堂东侧 一年两次作为在室外召集12000名巡礼者的祭坛使用，在这里，"夹层平台"、"楼梯加休息平台"形状的布道坛突出在外。不管内外，重要的地方都会重复柯布西耶固有的个性表情。

拉罗什住宅（1924） 作为空间构成核心的中厅。像桥一样插入的"夹层"和能使人想起教堂布道坛的"楼梯加休息平台"这两种"介入要素"是其空间的特征。S·F·莫斯认为由这两者带来的空间性格一直延续到柯布西耶的创作后期。

延续的"空间效果原型" 重要的场所都由"夹层平台"和"楼梯加休息平台"这两种要素赋予其特征。

贝沙克居住区（1926）　中央大道（上）并不仅仅是"箱型的并列"，从两侧挑出的两种类型要素赋予景观以个性。街道东侧（中），住宅外墙上贴附着的"楼梯加休息平台"宛如空中的布道坛一样显眼。在西侧（下），各个住宅的阳台像"夹层平台"一样出挑。它们一起介入到居住区的主要外部空间——街道中，产生出富有个性的活跃气氛。

勒·柯布西耶建筑创作中的九个原型

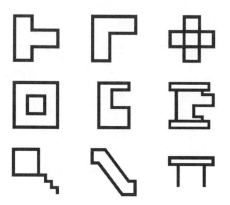

目　录

绪论 "突出"与"凹进"
——主角复杂的成长过程

　　萨伏伊别墅的"空中的白色箱体"并不是柯布西耶突然构思产生的,在其追求新建筑表现可能性的一系列试验中,这个革新性主角的成长决不是一个单一的过程,而是两种构思潮流并行发展,最终汇集成为统一形态的过程,充分理解这一点是很重要的。

1.空中的白色箱体——逆转剧的主角

　　萨伏伊别墅（1931）是对20世纪20年代建筑形态革新的汇总，它超越了简单的"白色箱体"形态，在"将内部轻轻地收敛同时向外敞开"这种效果上大书特书。"紧贴大地，将内部厚厚地封闭起来"是一般传统建筑带给我们的感觉，而萨伏伊别墅的形态集合可以说是与此相逆转的，支撑柱很细，墙壁也很薄，整个建筑的存在感似乎非常弱。"在空中组成的几何体中生活"，感受到的是新时代的生活。这个时期，包括日本在内的世界各地的建筑师们，都沉浸在新风格的梦想之中，抛弃了传统的构图，以白色箱体为基础能创造出什么呢？大家都在无意识之中探寻着它的最大可能性。例如，弗兰克·劳埃德·赖特和受其影响的荷兰建筑师们也在破除传统的箱型建筑，将七零八落的要素加以组合表现大概是一个有效的方法。另一方面，柯布西耶也在研究另外的可能性，即仍然保持箱型形态，却以轻盈、独特的方式将其置于空中，萨伏伊别墅可以说就是这样一个极端的例子。

　　柯布西耶年轻时在故乡完成了七件作品，都属于那种植根于大地的传统形式。其处女作法雷住宅（1907）是大屋顶形式，与后来的革命性的创作工作相差甚远，基本上可以说是乡土样式，丰富的细部装饰非常惹人注目。而他在故乡最后的作品施沃普住宅（1916），开始出现了平屋顶，有些接近简单的箱型，但是其外墙由褐色砖覆盖，巨大的屋檐像是要压住大地一般，给人的印象仍是厚重而古老。之后，柯布西耶离开故乡去了巴黎，其后便设计了革新性的白色箱型建筑的最初实例——雪铁龙住宅（1920）。建筑还是紧贴于大地，以石砌厚墙相隔，内部就像是一个洞窟。十多年后，柯布西耶就设计了像是从大地的束缚中挣脱出来，在空中轻轻飞舞的萨伏伊别墅。可以说柯布西耶首先是在故乡开始放弃坡屋顶而向箱型建筑靠近的，到巴黎后发展了白色轻盈的"地面上的箱体"，然后使其离开地面，最终发展成为"空中的箱体"。这就是大致上经过了1/4世纪，柯布西耶完成了建筑革命的伟大历程。

促进新风格诞生的力量，如果是形态生命力的话，那么它就蕴藏在这个变化的过程之中，特别是在探索的最高阶段完成的作品中最能反映出这种强有力的作用。萨伏伊别墅是对"传统建筑形象否定的结果"，"空中的白色箱体"是这出建筑形态逆转剧的主角。首先是确定"地面上的箱体"的基本形态，然后使其漂浮于空中，促进了形态的发展与成长。如果我们仔细注意这个主角是经过什么样的过程产生进化的，就可以大概了解现代建筑风格的内在生命力。

柯布西耶所说的"原理"与"方法"，是我们理解这个过程的首要线索。多米诺体系（1914）和在其基础上发展起来的五原则（1925），是以结构作用实现其自由的、薄而轻的墙体方法的核心。实现"轻盈的箱体"的方法基本如图所示。柯布西耶厌弃沉重而封闭的建筑形象，并且与"箱体的破坏"不同，在这里集中了形成新形态世界的核心构想。对20世纪20年代柯布西耶的所有作品研究，应以多米诺体系和五原则（新建筑5要点）为轴，但是，用它们能够说明的形态特征却不是很多。

密斯的"砖砌的郊外住宅"（1924）　　　　　　　　　　　　萨伏伊别墅（1931）

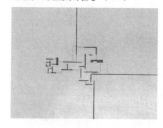

柯布西耶启发人们要在几何体的"极轻盈的箱体中生活"。密斯和荷兰的风格派一样，利用箱型解体后残留的空隙构筑形象。在拒绝传统的"沉重而封闭的箱体"这一点上是共同的，但取代的方法是不一样的。

施沃普住宅（1916）

雪铁龙住宅（1920）　　　　　　　　　　　法雷住宅（1907）

很容易理解到白色箱型住宅十几年间的大致变化。柯布西耶的处女作（右）是个有着当地传统风格的住宅，但他在故乡的最后一件作品（左上）则开始出现平屋顶，去巴黎后经过三年的潜心设计（左下），完成了白色箱型的设计方案，又经过了大约十年之后，实现了墙壁更加薄而轻，像是漂浮在空中的萨伏伊别墅。

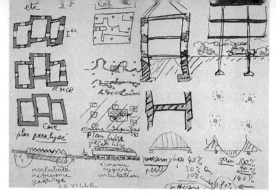

多米诺（1914）

五原则（新建筑5要点）（1925）

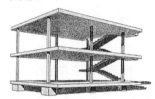

柯布西耶自己所说的原理与方法的重要核心是要在实现创造"轻盈的白色箱体"的"自由薄墙"上下功夫，但是，要说明实际作品所具有的复杂特征和魅力，只用这些是不太充分的。

魏森霍夫住宅展中的贝伦斯作品 可以看到同时参展的两者，除了"白色箱型"之外是完全不同想像力的产物。

魏森霍夫住宅展（1927）中的柯布西耶作品

20世纪20年代，许多建筑师创作了白色箱型作品，其中大放异彩的柯布西耶的作品还具有箱型之外的、用多米诺体系和五原则不能解释的其他特征。如果我们具体的去研究它们，就能明白现代建筑发展中的个性与成熟问题。

萨伏伊别墅之前的其他许多白色箱型作品，都具有不同的特征。例如，贝沙克居住区中（1926、P44）并排而立的数十栋建筑，充满了多米诺体系和五原则所不能解释的魅力表情。同时，即便在参加者全部以白色箱型作品出现的魏森霍夫住宅展上（1927），柯布西耶仅有的两件作品也和其他的作品有所不同，使人感受到复杂中所蕴含的明确语境。20世纪20年代的柯布西耶，尝试用显而易见的建筑的个性的方法来创造其多样的白色箱型作品。其作品具有的丰富魅力不能用多米诺体系和五原则来说清楚。可以说在用原理能够说明的事物之外，还存在着各种各样的表现主题，这些丰富多彩的作品告诉我们，在柯布西耶的想像中是如何形成多样的创作契机的。凝视着他的作品，进行各种各样的观察与分析后，我们就可以逐渐理解他的高度个性化的作品世界。

　　萨伏伊别墅之前的柯布西耶作品，作为20世纪的古典主义的代表，引起众多的模仿与研究，不仅仅在于它指明了现代建筑风格的可能性，而且也在于其作品的高度完善和成熟。不过，白色箱型样式的完善与成熟具体指的是什么呢？是比例完美吗？好像也不够充分。至少在反复运用"空中长方体"的同时所表现出来的其他特征也应该是其中之一吧。基于此，对柯布西耶20世纪20年代的作品就有再认识的必要了。不仅是"制造箱体，让它飘浮起来"这样简单的说明，还应该仔细审视他并不单纯的创作全过程。绪论中列举了柯布西耶这个时期的众多作品，就是希望捕捉到至萨伏伊别墅为止甚至之前，柯布西耶建筑创作的根本所在。

2.从"空中出挑"到"空中独立"——主角的成长／实体的系谱

萨伏伊别墅并不是突然闪现出来的"空中的长方体",20世纪20年代的柯布西耶作品就传达出了现代建筑的一种创作内容。其中部分特征经过成长、发展,最终逆转了传统建筑形式的发展过程。作为实际的作品,它的延续能够被我们追踪到。

经过若干方案的探讨,柯布西耶最初实现的白色箱型作品是在巴黎郊外沃克松建成的贝斯努斯住宅(1923)。虽然还残存着那个时期的檐口做法,但已经退化到很窄、很薄,到了眼看就要消失了的地步。建筑整体上是一种直立的板状形态,临街一侧有一些小型的箱型出挑物。除此之外,只保留着柱廊的屋顶,缺乏显著的特征,只有一些细微的附加物引人注目。据说房子的主人决定委托柯布西耶设计的动机来自于在展览会上看到了雪铁龙Ⅱ住宅(1922)的石膏模型(P49)。虽然与萨伏伊别墅的革新性有很大差距,但也出现了最早的"空中居住空间"的形态,独立支柱的样式最早地被表现在住宅上,两层高的起居室在空中突出出来,而艺术家住宅(1922)更是将全部建筑的一半做成突出的形式,这个时期柯布西耶作品的主题,好像就是要强调由独立支柱带来"空中出挑"效果。如果是这样的话,那么萨伏伊别墅也是从独立支柱得到的启发,而不是就那样简单的立起来。为确保"从主体出挑"的效果,用"空中的体块"支配空间成长,可以想像出这种并不简单的形态变化的过程。

劳工住宅(1922)也是箱型,但具有圆筒形形态和小的出挑物。贝斯努斯住宅也属于同时期的做法,初期的方案是圆筒型,在实施方案中变成了小的出挑。柯布西耶在故乡时多使用圆弧（P41），但到了20世纪20年代时，出挑则成为了主题。这两个例子可以代表那个历史更替时期的建筑革命的开始。

在展览会一年后完成的贝斯努斯住宅上细微的出挑发展到雪铁龙Ⅱ住宅时就变成更加大胆的、有巨大突出的箱型了。贝斯努斯住宅还是一种小心翼翼的、几乎是最小型的箱型住宅，但是仍可以感觉到"在空中出挑"的效果。墙壁和窗户设计成简洁的形状，没有什么外在附加物，让人们感到它是从主体的内部突出出来的。一些很容易被忽视的细小特征，实现了当时柯布西耶的最基本主题。因为具有这样的意义，所以它被认为是走向"空中长方体"的一个开始。由简单的出挑，最终一直发展成为萨伏伊别墅的风格，实际上是走出了柯布西耶实际作品的第一步。

在拉罗什住宅（1924）中，曲面墙体的画廊部分由细细的圆柱加以支撑，这是最早实现的独立支柱，但仍然与萨伏伊别墅的"在空中独立"的效果有很大区别。巨大的建筑主体，只有其端部附加的体量出挑于空中。在贝斯努斯住宅中表现的是单纯的箱型外凸窗，而在这座建筑上强调的却是整体的外凸，表现出的是一种内在的存在感。用在空中出挑这种方式来表现空间本身的意义，可以说是一种进化。普拉内克斯住宅（1927）的外观在中间部分有箱型出挑，使卧室的一部分向街道方向突出。在这里，对"空间体向空中出挑的效果"的执著运用，重叠成了"回型"的建筑构图。

20世纪20年代中期之后，运用独立支柱的方案开始多了起来。

最小住宅（1926）和贝泽住宅初期方案（1928）等，部分地运用了独立支柱，但对"空中的住所"的印象还很淡薄，到库克住宅（1926）时则体现出五原则意识，全面接近了独立支柱形式。但由于它被两侧建筑夹在中间，所以"在空中独立"的效果还很弱。在救世军宿舍（加建，1926）中，两层高独立支柱上的白色箱体好像是从原有建筑上突出出来一样，强调了"在空中独立"的效果。但是面对被相邻用地包围的封闭庭院，这种独立支柱所传达出来的柯布西耶所主张的城市意义依然很微弱，基本上还是为了追求"在空中出挑"这种视觉效果而采用的。

伏瓦生规划（1925）和联合国总部设计方案（1927）都是在独立支柱上支撑起较大的体量，但在本来就趋于保守的小住宅方面体现的逆转传统建筑形象的效果，更加雄辩地说明了"在空中完成的长方体"汇集了几何学特性的效果。到魏森霍夫住宅展（1927）上展出的两个作品证明，"空中的箱体"这一印象就已经在全面支配柯布西耶的创作了。并以前所未有的力度径直发展成为萨伏伊别墅的"在空中独立"的形态。

在建造贝斯努斯住宅时还是少量的出挑，但其揭示出来的那种小的箱型，到后来竟发展成为包含房间在内的巨大出挑，而且，强调全部在空中展示的效果成为优先考虑的问题，萨伏伊别墅处在这种风格最后的、也是最强的地位上。我们可以这样来理解柯布西耶带来的这种"建筑形态逆转"的过程，就是说整体的"极少一部分在空中"的小的出挑经过发展成长，不久后演变成为建筑形态的整体特征。

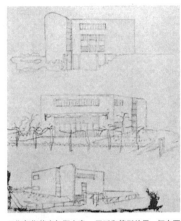

贝斯努斯住宅初期方案 圆弧和箱型并用，柯布西耶首先在故乡试验其喜好的创作手法，它预言了其后所发展的"箱型出挑"的变化方向。

贝斯努斯住宅（1923） 竣工时（上）和现状（下）。除入口门廊外，只有墙面中央的小的箱型出挑是其显著的建筑外观。

雪铁龙Ⅱ住宅（1922） 作为独立支柱支撑的"空中的居住空间"的最初形式，是萨伏伊别墅的预演。

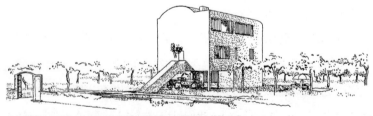

艺术家住宅（1922） "出挑"的"空中居住空间"，强调更大的独立感。

主角的成长 由"空中细微的出挑"发展为"包含房间在内的巨大的箱型出挑"，以及独立支柱的并用，终于在萨伏伊别墅时完成了到"空中独立的箱型"的成长过程。

拉罗什·江耐瑞住宅（1924） 架在独立支柱上的、从主体挑出的巨大画廊部分在空中向你的面前伸展。

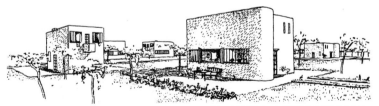

劳工住宅（1922） 全集第一版时发表，后来被删去，刊载在《走向新建筑》上。可以说在这个落选的作品中，柯布西耶在故乡喜欢使用的圆弧形和这之后喜欢使用的"箱型出挑"这两个特征并存，也使人想到贝斯努斯住宅的设计过程。

普拉内克斯住宅（1927） 二层卧室的一部分出挑于街道，形成立面中央的箱型。贝斯努斯住宅微小的"悬挑窗"到这里发展成为"包含房间的大出挑"。

库克住宅（1926）（左） 微小的出挑部分在向"空中的箱型"的进化过程中，独立支柱起到了决定性的作用。

救世军宿舍（1926）（右） 现状。三层下面的独立支柱突出了"空中箱型"的孤立效果。

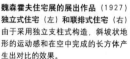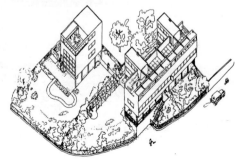

魏森霍夫住宅展的展出作品（1927）
独立式住宅（左）**和联排式住宅**（右）
由于采用独立支柱式构造，斜坡状地形的运动感和在空中完成的长方体产生出对比的效果。

3.从"空中凹进"到"空中独立"——主角的成长/虚空的系谱

前面我们看到，从"空中出挑"走向"空中独立"这个发展过程中，独立支柱起到了决定性的推进作用。这个时期的柯布西耶也设计了很多没有出挑和独立支柱的方案，大概是一些与空中的长方体这一进化过程没有关系，重要性比较低的建筑群。但是，如果我们仔细观察它们，就会发现尽管没有使用独立支柱结构，其表现出"空中长方体"的情况也还是有的，就是说，在柯布西耶作品"主角的成长"过程中，还有其他的因素存在。

别墅型公寓住宅，是柯布西耶所谓"集合的理想"的最初形式之一，到晚年时还在反复地使用。在全集第一卷中，我们可以看到相同名称的三种设计方案（1922、1925、1929），平面虽有些差别，但共同的特征是沿街道一侧并排出现的凹入部分。贝沙克居住区初期的几个方案和苏黎世霍恩集合住宅（1932）也有同样的特征。这个时期柯布西耶所热衷的就是"凹入部分的反复"，一个一个的凹入部分形成简单的空中阳台，夸张地显示了以严格的比例形成的"透空的箱体"，使人感受到"在空中完成的透空长方体"的存在与表现。

斯坦因住宅（1927）的另一个名称叫做"露台别墅"，指的就是庭院一侧形成的巨大凹入部分，创造了在白色箱型上重复"透空长方体"的"E型"效果。奥赞凡特住宅（1924）也与此类似，在用地非常紧张的情况下最大限度地进行建设，像萨伏伊别墅那样的"空中的白色箱体"等形式在这种条件下是无论如何也实现不了的。

整体上看它像是一个不完整的圆台形,屋顶呈锯齿状,离纯粹的长方体还很远。虽然是崭新的几何学建筑,但看起来并不纯粹,不过,在街道两侧还是可以看到透空长方体所显示出来的效果。上层的工作室呼应有三个大的玻璃窗和天窗,向天空显示着透明箱体的存在。斯坦因住宅也是同样,白色箱体上体现出如同凹进一样的"凹型"形态,看起来是纯粹立方体的重复。普拉内克斯住宅同样也有"凹型"的做法,和中间部分的突出相对比,表现出上下凹凸并列的立面外观。另外,在里泽住宅区(1924)和贝沙克居住区的Z字型住宅(1926)上,以纤细的线型勾勒出"透空的长方体",使街道充满了活力。

前面所说的出挑和独立支柱,将现实的以墙壁围合的"实体的长方体"托举到空中。另一方面,没有实体的、由通透箱型所构成的"透空的长方体"也能在空中加以表现。应该说这是一种视觉表现的特殊方法,只不过不需要独立支柱这个强硬的表现手段,素材和构成方法也不直接制约其表现,是一种能够表现更纯粹的、透空的"空中长方体"的方法。

一为实,一为虚,20世纪20年代柯布西耶作品中反映出来的这两种类型的"箱体",看起来属于完全不同的表现世界,但是其原本的构思都是"空中的长方体"。想像力中同样的一个原型,不管是作为实的物体,还是作为虚的部分都能表现。柯布西耶在其20世纪20年代白色箱型作品上表现出来的这种丰富的凹进与凸出,似乎都具有这样一个共同的意象。现实中众多的联想、丰富的创作世界实际上都发端于意想不到的火花。应该说，现代建筑之前，承袭一种形态似乎是丰富的表现世界的根本。假如是这样，那么我们就应该思考，没有实体的抽象阶段所承袭的又是什么呢？

思考现实的建筑形态问题不是一件容易的事情，因为要构思一个新的形态和空间，这之前的建筑形态可能会自然而然地跃入到创作者的头脑之中。从这个意义上说，柯布西耶的绘画作品就具有很深的意义。柯布西耶通过二维绘画，摸索、探讨自己崭新的艺术方法，这一时期，那些利用单纯的、透明的图形叠加起来而形成的线条画（1924）便是很好的证明。忽略掉现实感的存在，它们与三维的凹凸没有什么区别，实体和虚体具有着相同的作用。在现实空间中，"实体箱型"和"虚体箱型"能够以没有区别的存在共同构筑起形态世界。斯坦因住宅和奥赞凡特住宅是"白色箱体与透空箱体的叠合"，使人联想起线条画中的只是"轮廓与图形的叠合"。作为新的艺术方法，它在描绘形态世界中表现出来的典型特征是由简单的轮廓重叠所创造的复杂度和张力，即在建筑形态上如何体现那种独特视觉刺激上下功夫。绘画中被确认的形态紧张感成为形成个性化建筑表现的直接刺激，二维的"抽象图形的叠合"与现实建筑形态中的"白色箱体和透空箱体的叠合"是相称的。20世纪20年代柯布西耶所展示的独特建筑形态就是以这种更大的自由创作为背景，超越了充实每个建筑作品这一狭隘目标，从中使我们窥见到他所具有的丰富想像力。

斯坦因住宅（1927） 在白色箱型上，阳台形成一个"大的凹入"，成为庭院一侧的一个特征。

别墅型公寓住宅（1922）（上） **和苏黎世霍恩集合住宅**（1932）（下） 20世纪20年代柯布西耶也喜欢用在白色箱型上掏出部分的空洞这一方法，确保了"透空长方体"的效果。

主角的成长（续） 没有出挑部分和独立支柱，但仍有白色箱型的"凹入"部分，展示了"空中长方体"的"凹型"，创造了另一种"主角的风格"。

奥赞凡特住宅（1924） 顺应整个建筑用地的形状，所完成的不完全箱形与所谓的"纯粹立方体"相差较远。但是，三个大的玻璃面相呼应，展示了空中呈凹入状的"透空长方体"的存在感。

普拉内克斯住宅（1927） 中间出挑体量的上面有一个小的凹入，是两种风格的并置。

静物（1924左右） 这幅作品直到后来才在全集第五卷（1946～1952）上刊载，文字说明为"绘画和建筑的同时探索，在这个年代里诞生了勒·柯布西耶的建筑形态。""白色箱体和透空长方体相重合的效果"就是这种感觉的表现。

里泽住宅区（1924）**修复前**（上）**和贝沙克居住区的 Z 字形住宅**（1926）（下） 两者都和白色箱型的凹入不同，但都可以使人感受到线条构成的长方体轮廓，揭示出空中"透空长方体"这种相同的想像力。

4.虚实相间的萨伏伊别墅——高度的统一

萨伏伊别墅从柯布西耶白色箱型住宅的创作方法中脱颖而出。作为新的风格，萨伏伊别墅中汇集了多种多样的创作问题，达到了它能够达到的创作顶点，但其发展也并不是十分顺利。

在全集第一卷中，同时刊载了"住宅的四个类型"和萨伏伊别墅的方案，回顾了在此之前的设计实践。柯布西耶将新住宅的整体构思做了分类：第一种类型，如拉罗什住宅（1924），依据需要联结各部分；第二种类型，如斯坦因住宅（1927），在单一的箱型主题中加入各个部分；第三种类型，如贝泽住宅（1929），将骨架显露在外，各层独立构成；萨伏伊别墅（1931）则是具备这些优点和特色的第四种综合型的范例。20世纪20年代，柯布西耶尝试了各种白色箱型的创作方法，从而诞生出了丰富的作品，萨伏伊别墅是能够代表它们的具有结论性的作品，至少是它通过白色箱体这一合适的主题，和盘托出了"型"的概念，其基本构思是实现"空中的长方体"这一概念。同时，如果我们综合这些典型可能性的话，萨伏伊别墅的确是这一方法的终极作品。当然，它也存在着其他一些问题。

萨伏伊别墅是一个以白色墙壁围合的箱型住宅，但是其墙壁外面的外部空间和里面的内部空间没有明显的划分。二层的各个房间环列在约9m²的大阳台周围，空中的箱体像是为了争取阳光一样向天空敞开着。独立支柱上长方体形围合的白墙，内侧其实也是个大的外墙，彼此渗透。姑且不论空间的性格，居室和阳台、阳台与所谓外部的区别是很微弱的，能够感受到白色箱型的内部和外部完全相同，展示了均质的、透空的开敞与明亮，且外墙四周全部是最大限度开设的水平连续带形窗。因此，从四个面看也好，从上面看也好，它都是一个很容易使人看穿的箱体。乍一看，它是从外面围合、分隔的箱体，同时也是个不遮挡视线的透空长方体，既是实体的白色箱体，也是一个透空的箱体，它兼具了双重的空间性格。可以理解为是斯坦因住宅的白色箱体与凹形部分、奥赞凡特住宅的白色箱体与玻璃箱体部分这种实体与虚体和谐的重叠。的确，萨伏伊别墅在塑造"空中长方体"这个意义上，一方面达到了柯布西耶创作的顶点，同时也应该说使实与虚的对比具有了协调统一的意味。柯布西耶在这之前所做多方面研究的最终目的，就体现在探明了一个形态世界的意义之中。

柯布西耶在20世纪20年代创造出来的多重性格的建筑，使人感受到存在于其背后的开阔的丰富多彩的个人世界，同时期的线条画具体地告诉了我们这一点。在那里，他所寻求的新艺术的张力和刺激，借建筑形态表现出来。柯布西耶和其他建筑师的白色箱型作品有着不同的丰富构思，支持着"奇思妙想"的个性想像力世界，是综合了绘画中所看到的仅仅是轮廓的图形效果和现实的建筑形态二者而形成的想像。将空中的长方体作为实体，或是作为虚体来想像，在两者之间反复地扩展其想像力，即便是简单的箱体也能给我们展示出丰富的表情。萨伏伊别墅将两者加以叠合，同时也达到了高度的成熟。作为此类建筑的名作，至今还散发着诱人的魅力，原因就在于它叠合了和这种白色箱型密切相关的许多本质问题。

20世纪20年代的柯布西耶，其乐趣在于在白色箱型这一有限的范围内尝试着最大幅度的革新的可能性，从而创作出丰富成熟的作品群。我们在许多作品中看到的各种崭新的、丰富的建筑表情不是很轻易构想出来的。不过，"空中的长方体"、"四个类型"、"基于透明图形的叠合表现"等等问题，狭义地讲，全部与白色箱型有联系。柯布西耶的20世纪20年代也是他创作生涯中做为基础的探索阶段。在进行白色箱型可能性的方案尝试当中，应当包括无意识的、没有被收入白色箱型范围的、或者更根本的创作问题。这超出了20世纪20年代的范围，也预示着他的晚年创作。关于白色箱型的尝试是一直延续到第二次世界大战后的长时间探索的开始。为捕捉柯布西耶是如何展开其个性创作世界的，就应该首先将这一时期的作品作为最基本的关注点。

主角是"在明亮的阳光下显示锐利外形的几何学立方体",它具有一个大平台,向天空伸展着身姿,同时也是一个洒满透明光线的长方体。

乍一看是个白色箱型,但内部具有通透的"透空长方体"的效果,在这个意义上,是"实体"和"虚体"两个主要概念的统一。

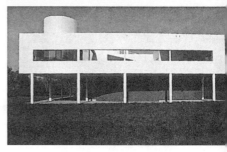

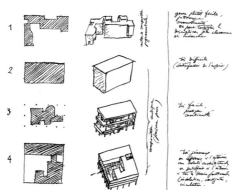

住宅的四个类型(1929) 根据以往的实践经验,白色箱型可以有"作品的方向"和"整体的意图"两种分类,支撑柯布西耶创作的是多米诺体系和五原则以及其他方法。萨伏伊别墅作为可能的三种类型的"综合型",因而处于结论性的地位。

作为结论的萨伏伊别墅(1931) "空中的长方体"达到了现代建筑形式的一个顶点,具有汇集各种各样重要特征的高度结论性的意义。

5. 虚实相等的 "凸型" ——建筑形态与几何学形态

近年才被拆毁的波尔多唐金住宅（1924），在全集第一卷的第一版中曾经刊载过，后来被删除掉了。虽然没有给人留下太深的印象，但是它却具有重要的原型特征。它是在建筑物两侧被相邻住宅所围夹，建筑规模小且又只有一个立面的条件下来思考的设计问题。因为一层全部退后，所以视线所关注的主要是二层的矩形墙面，所以在只有一个立面的情况下去接近柯布西耶"在空中完成的几何体"这一概念。直跑楼梯非常引人注目，成为夸张表现的一个点。整个外观组合了两类要素，应该说是"凸型"，也就是"完型＋楼梯"的形态。同时期的里泽住宅区（1924）的初期方案和两个最小住宅（1926）方案也大致具有同样的正立面。以上这些都是缺少其他特征的箱型，惟一承袭的几乎就是"空中的矩形"和"直跑楼梯"的组合，这一点给我们留下了印象。

艺术家住宅（1922）的正立面也是"凸型"，大而突出的"独立于空中"的体量靠直跑楼梯来联系。在全集中，作为雪铁龙住宅体系的实例还有巴黎别墅和海滨别墅等两个方案，虽然设计年代没有明确记载，但大概就是20世纪20年代前半期的事情。以上所举实例，独立支柱都很大，"独立于空中"的效果很强。与其相呼应，L型大楼梯的运用，更加强调了两者组合所形成的"凸型"。

奥赞凡特住宅（1924）内部的工作室是一个带有梯子一样楼梯的空中小屋，这楼梯是建筑特征的一部分，也是不能缺少的功能要素，也可以说是用"凸型"给予了室内以特征。独立支柱型的鲁西亚尔住宅（1929）将储藏功能设置在一层，内部并没有一层通往二层的交通线，而必须要经由外面的楼梯绕行，虽然不太方便，但却因此使建筑从整体上形成更纯粹的"凵型"。在萨伏伊别墅中，外面没有楼梯，坡道和楼梯在内部贯穿空间。但是，在全集第一卷中刊载的初期方案中，呈直角状的、曲折的楼梯是突出于建筑之外的，汇集了其惯用的"凵型"元素，这个楼梯的设计大概是后来被取消的。W·盖迪斯特别注意了这个萨伏伊别墅的初期方案与上野国立西洋美术馆（1959）的相似之处，后者实际上不太使用的楼梯，与其说是功能的需要，还不如说是建筑形态表现的结果。经过30年的演变，即便建筑主体发展成为厚重封闭的箱型建筑，也仍然是"凵型"的重复。

"凵型"除了体现在整体上之外，也体现在局部上，不管是时期、功能，还是规模的重复。这个原型的体系也教会了我们柯布西耶的形态观。的确，20世纪20年代柯布西耶的目标是几何学的完整形态，但是，只表现"在空中独立的长方体"这一概念似乎是不全面的，我们同时也应重视柯布西耶的其他构思，就像那些看起来好像是破坏了"高度完形效果"的外部附加楼梯。

萨伏伊别墅那种"轻盈的漂浮于空中的白色长方体"像是没有重量感的图形。建筑形态接近于抽象几何学的世界。所谓"在空中独立"可以说是本来扎根于大地的建筑表现出和大地没有什么关系的"几何学式的结合"。但是，即便它更彻底地接近于更纯粹的几何学世界，在建筑上也是看不到的。因而，它既是抽象的

里泽住宅区的初期方案 B（1924 以前）

唐金住宅（1924） 在街道一侧的惟一立面范围内表现"空中几何学的完成效果"，拥有能到达建筑主体的楼梯的"⊔型"，预言着"组合的原型"。

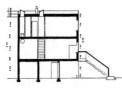

最小住宅（1926）剖面图 和上述作品一样，一层很小，接近于"空中的箱型"。但并不是完全的"在空中独立"，创造了"⊔型"组合。

艺术家住宅（1922） 如果要到达空中的出挑部分，需要通过楼梯上去。前面的部分由"⊔型"效果创造出其特征。

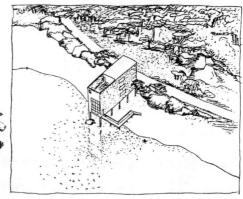

巴黎别墅（左）**和海滨别墅**（右） 体现雪铁龙住宅的应用实例，接近于更完全的独立支柱的做法。同时，外部大楼梯也夸张地显示了大的转折变化，是一种在对比中更强有力的表现，强调了作为组合的"⊔型"的个性。

系列的原型 在两种"主角的做法"中，都可以看到"⊔型"。

斯坦因住宅(1927) 楼梯连接着空中的平台和庭院，与奥赞凡特住宅相类似，在白色箱型上重复着"透空长方体"，通过贴建的楼梯形成一个整体。"虚体的主角"起到"凵型"的作用。

奥赞凡特住宅(1924) 工作室（上）中，中厅之内有一个像是从天花板上吊下来的读书室，要到达那里，需要通过梯子一样的楼梯上去。外观（左）上看，要去玻璃面显示的透空长方体，需要从螺旋楼梯上去。内与外相似的"凵型"重复出现，主角由"实体"和"虚体"形成虽有对比但作用相同的一个整体。

拉尼的金属住宅群（1956）**和鲁西亚尔住宅**（1929）（右）由特意修建的外楼梯显示了"凵型"的体系。

创作时期虽然不同，但同为"空中的金属箱子"，

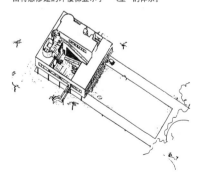

萨伏伊别墅早期方案（1929）（左）刊载于全集第一卷。楼梯的设置点与实施方案不同，它和很久以后的东京国立西洋美术馆（1959）（上）做法相类似。"独立支柱"和"空中的箱体"等延续了"凵型"体系。

图形，更是现实中的建筑。这样说来，同时表现这两方面就很重要了。应如何表达建筑和几何学图形的结合点呢？例如，如何用最基本的手段来表示"容纳人的行为的度"为好呢？建筑好像是独立的，但如果有楼梯，人就能够从地面进入其中，也就能够表现出建筑是人可以在内部活动的一个箱体。在这个意义上说，"凹型"就是在几何学图形上将建筑的固有属性附加上一个最小附加物的原型。

在奥赞凡特住宅中，建筑上部表现出"玻璃箱体"的形态，下部是外悬的螺旋楼梯，使其看上去就是一个"空中长方体"和一个"楼梯系统"的组合。斯坦因住宅中庭院一侧的凹部和楼梯的处理也是如此。不用说，为了从平台下到庭院中也需要用"凹型"体现。在白色箱体上重复的另一个主角，一方面以更透空、更抽象的方式存在，一方面通过楼梯使其成为可以容纳人活动的容器。

柯布西耶构思的"空中长方体"，作为实体的白箱也好，作为透空的凹进也好，每每都要服从于楼梯。乍看起来它们处于两个极端，基本上属于不相同的两个类型的长方体，却被作为完全等同的事物来处理。在走向萨伏伊别墅革新的征途中，有这两方面非常相同的想像也是必然的。而且，在圆筒形上面承载一个长方体的这种组合，也能看出实与虚是没有区别的（P63）。从这些实例中可以看出，作为主角的构思，有实与虚这样两个系统，同时，它也暗示了在现实的具体表现之前，在创造实和虚的不相同之前，其从想像力深层中发掘构思的方法。

第一章 "⊢型"与"厂型"——延续的轮廓

　　萨伏伊别墅使我们看到，当时的建筑师们在无意识之中展示出来的"新形式的一个极端"，以及组合白色箱型的各种各样的可能性。关注柯布西耶的20世纪20年代，如果要探讨现代建筑的诞生和优秀的创作方法，那么首先就应该具体的观察他丰富的想像力，就能够从很多超越时代的个性成果上看到与时代的发展方向相符而又难以说明的各种各样的特征，以及柯布西耶自己在每一个创作中所面临的一些问题。

1. "轮廓原型"的开始——另一种风格

(1) 标示"透空长方体"的"┣型"——贝沙克居住区

　　柯布西耶定居巴黎之前在故乡完成了七件作品,虽然看起来这些作品与其后的革新无关,但却有着意义深远的特征。最初的三件作品仍接近于传统样式,因而缺乏个性。但柯布西耶从东方旅行归来后所创作的后四件作品,则反映出他所受的各种各样的影响,特别是圆弧的使用。在创作他父母亲的江耐瑞·皮瑞特住宅(1912)上,以箱型设计为基本,并有部分圆筒状体量突出于箱体之外,在受帕提农神庙影响形成的入口廊道上也能体会到圆弧的效果;临街而建的法维瑞·加考特住宅(1913),在住宅主体的前面以一个大的低层弧状建筑围合成前面的广场,来访者首先沿着地面被引向弧形建筑;拉·斯卡拉电影院(1916)山墙的正面像是剪裁出的半圆形构图非常引人注目,这也是半个世纪后给文丘里带来影响的一个立面;柯布西耶在故乡的最后一个作品施沃普住宅(1916年),圆筒形的突出体量夹在主体的箱型两侧。这个作品集中了各种带有预见性的建筑元素特征,但基本上仍是矩形和箱型的对比效果。平面、立面,凹形、凸型,处理手法丰富多彩,但在承袭圆弧这一点上是一贯的。可以感觉到这一时期柯布西耶探索自己的形态世界以及思考问题的出发点。

　　从这时开始的十年之后,柯布西耶完成了位于波尔多郊外贝沙克地区的51栋白色箱型住宅(1926)。可以看出,住宅虽有七种类型,但全部都承袭于同样的特定轮廓,含有同一类的"凸型"。立

法维瑞·加考特住宅（1913） 与竖立的建筑主体相对比的是迎面低矮状围合的圆弧部分。

施沃普住宅（1916） 在箱型的两侧，巨大檐廊控制着好像低伏于地面的圆筒状体量。

江耐瑞·皮瑞特住宅（1912） 受旅行中所看到的帕提农神庙的影响，坡路上升，直达入口。箱型主体和半圆筒型的对比产生了戏剧性的气氛。

拉·斯卡拉电影院（1916） 山墙上大型的圆弧形状就像是剪裁出来的一样，现已改变。

圆弧 柯布西耶在故乡的七个作品中，后期的四个作品使用了具有某种意义的圆弧造型。

面有四种是"凸型"，两种是"凸型"，而平面的"凸型"不管位置和朝向，都呈现出多种表现方式。在他的故乡，"凸型"应该说是比"圆弧"更特殊的形体，虽说很难理解其真正的意义，但如此反复地运用，能够使人感觉到它的重要意义，而绝不是凭一时的冲动以独自的追求来引人注意。

贝沙克居住区中没有独立支柱型的住宅，也许是受预算和规模的限制，体现五原则的特征也很少，革新的性格很弱。住宅呈现出丰富多彩的"凸型"，体现出与萨伏伊别墅这种主角构思相区别的形态问题。除此之外，还可以追究到柯布西耶的个性问题上，在看上去朴实无华的贝沙克住宅区的创作尝试中，柯布西耶想通过稍稍特殊的"对凸型轮廓的执著"来使人感受到一种意想不到的重要性。

在贝沙克居住区中，汇集各种各样手法的"透空长方体"一起登场。沿着北侧边界并列的连拱廊型住宅，平面上"凸型"的出挑有着和住宅主体几乎同等规模的透空部分。因此，经过不断地重复，白色箱体和透空箱体就演绎出凹凸交替的效果；位于基地中央部分的摩天楼型住宅和古利纳型住宅，侧立面形成"凸型"，其上部形成透空的出挑部分，透空的长方体高高地立于屋顶之上；从就近的火车站前往造访，首先看到的是Z字型住宅和连接中央街道的梅花型住宅，都在侧面形成"凸型"的立面，其出挑部分做成阳台，上面有长方体形状的格构物，就像前面"透空长方体"所表现出来的形态一样。这样，我们就可以理解，实际上贝沙克居住区的形态承袭超越了简单的"凸型"轮廓，三种类型的"凸型"住宅，全部拥有出挑物和透空的部分。比起简单地了解柯布西耶如何"喜好轮廓"，我们更需要明白其与任何的空间问题有关的设计意图和重复手法，而且要了解与建筑形态整体相关联的个性想像力的源泉。

在贝沙克居住区丰富多彩的"凸型"中，"凵型"立面特别引人注意，这是因为在前面有一个很大的"空中的透空长方体"，乍一看和主角风格无缘的简单"凵"型和"主角风格"的"空透系列"（P25）交叉表现。实际上，这个"横向的凸型"就是"凵型"。在20世纪20年代，这种风格反复出现，一直延续到柯布西耶的晚年创作，并产生出多姿多彩的变化，可以说是长时间延续的"轮廓原型"。20世纪20年代的柯布西耶给予我们的印象是喜欢立方体和长方体这类纯粹的几何体。但是，初看简单的白色箱型作品，绝不是简单的表现"几何学的纯粹程度"，如果仔细地观察就能感觉到它具有一些出人意料的复杂特征，能够让人感觉到他的各种的意图。这种复杂程度超出了简单的"白色箱体"，存在于柯布西耶的个性部分之中。总之，笔者想通过实例来分析在贝沙克居住区中所看到的柯布西耶特别喜好的轮廓，特别是"凵型"。

连拱型住宅的平面是"凸型"，出挑的一侧是巨大的透空部分形成的室外平台。

摩天楼型住宅（右）、古利纳型住宅（上）、独户型住宅（下），立面均为"凸型"，向上突出的部分构成"透空长方体"，从街道上就可以看得到。

"凸型" 贝沙克居住区的七种类型全都是"凸型"，出挑的一面通常是虚体。

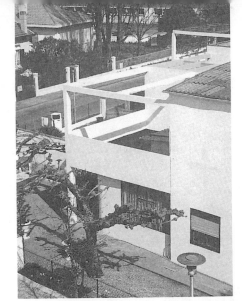

Z字型住宅（上和左）和梅花型住宅（下），立面是"冂型"，但出挑部分较窄，和雪铁龙II型住宅一样，内部不是房间，取而代之的是街道一侧由线条构成的立方体。

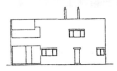

吉美尔型住宅也具有"冂型"的立面。

(2) "凸型"的开始——原型中的原型

"凸型"以最早的明快姿态出现在雪铁龙Ⅱ住宅（1922）中，这个Ⅱ型是雪铁龙住宅（1920）的修正方案。由于擅长技术发明的堂兄弟皮埃尔·江耐瑞的加入，设计方案在构造方法上取得了新的突破，虽然是相同的白色箱型住宅，但相对于雪铁龙住宅相当厚的砖石墙体构造，雪铁龙Ⅱ住宅中形成了可以说是多米诺体系发展的结构骨架。前者是贴附于大地的质朴箱型，而后者有成为更自由形态的可能，它们所尝试的就是"凸型"的外形轮廓。在这里初次露面的独立支柱形式成为柯布西耶实现其所喜欢的"凸型"的一种创造手段。

雪铁龙Ⅱ住宅所表现出来的"离开大地而存在"，可以说是萨伏伊别墅最直接的创作源泉。其房间作为"凸型"的出挑部分存在于空中。正如预示着萨伏伊别墅的变革一样，房间以两层高的大体量出现在空中，呈现出"凸型"的外形轮廓。一方面是"凸型"和主角风格的交叉，一方面也是个性主张的表现。

里泽住宅区方案（1924），可以说是贝沙克居住区的前哨战。在全集第一卷的第一次印刷中刊载了两张照片，后来再版时被删去了。这个方案的确离五原则还很远，可以说只是简单的箱型，与后来的作品相比逊色不少。但是在全部七栋建筑之中，沿街三栋已呈"凸型"。最初的方案是"凹型"，超越简单的箱型个性并依靠附加的楼梯来表现，最后形成了"凸型"。在作为探索时期的20世纪20年代前半段，利用能实现白色箱型住宅的多次机会来尝试后来反复出现的两个代表性原型。与这个时期众多的巴黎及周边的规划相比，里泽住宅区占地较大，法规制约较少，相反预算比较严，这些条件大概是使柯布西耶将重要的少数原型放在那种状态下尝试的原因。由于里泽住宅区的三栋"冂型"住宅都呈"透空长方体"特征，于是，它也就成为贝沙克居住区的预演。

贝沙克居住区的初期方案是有着多个凹入部分的高层型住宅，从街道看上去具有反复出现的"透空长方体"的特征。但是，由于计划的变更，结果只实现了低层小规模的形式。连拱廊型住宅有一个舒缓的圆弧屋顶，形成凹入空间，以两层的高度低匐于大地。另外，摩天楼型住宅中，能够看见一个透空的长方体立在屋顶中央。在全集中，通过照片显现出这些屋顶上的突出体量重复出现的效果，也使我们体会到了作者的构思意图。不过，上到三层屋顶后首先能看到的远处街景直接赋予街道以性格的效果比较弱。与此相反，创造街道空间生气和性格的是"冂型"住宅。Z字型住宅和梅花型住宅所具有的"冂型"的长方形格构和里泽住宅区的相同，表现出向街道一侧出挑的效果。虽然没有达到初期方案的程度，但"空中长方体"的重复使用，在街道景观中直接塑造出其性格（P8）。

与四层的雪铁龙Ⅱ住宅相比，Z字型住宅和梅花型住宅高度只是它的一半，是一个低匐的"冂型"（P45）。出挑部分也不过只有一米多，内部不能形成房间。但是"冂型"聚结了空间的想像力，只靠图形显示它大概并不充分。在这里，需要在出挑部分上用线条来形成长方体以完成体量的塑造，这样薄薄的"┏型"和主角的风格相交叉，与雪铁龙Ⅱ型住宅相似，接近于"空间体量在空中出挑"这一意图，对于柯布西耶来说，这样可以得到满意的效果。柯布西耶对形态的执著，并不是简单地表示为采用喜好的轮廓，其中也蕴含着更广的、有空间意图的背景和动机。

拉罗什住宅（1924）的画廊部分好像是从内部向外膨胀出来一样，构成了侧立面的"┏型"。虽然它贴近住宅区边界而很难看全它的整个立面，但是这里的"┏型"还是以向空中出挑的形式表现出它的存在感。另一方面，萨伏伊别墅与"┏型"没有什么关系，可以看成是主角独立于空中。但在屋顶上矗立的、功能意味很弱的曲面墙仍很引人注意，虽然可以认为它有挡风之用，但是在独立于空中的长方体向前方出挑这一点上，更可以感觉到它和"┏型"是很接近的（P16）。

其他的"┏型"实例也很多，包含纵长、横长等等部分的特征。在向萨伏伊别墅发展的过程中，主角屡次和这些"┏型"相交叉，产生出汇集了时代感的"空中的独立"和个人偏好的"喜好的轮廓"相重叠的极具个性的作品世界。20世纪20年代柯布西耶对"┏型"的执著追求，并且将其融入到对建筑形态的整体构思中去，并不仅仅是缘于单纯喜欢纯几何学的轮廓，和"口型"的情况相同，在叠合其他意图的同时，也促成了"空中长方体"的形成。因此，我们可以明白柯布西耶在不断构想新时代样式的同时，不时地运用以交叉来完成进化这样一种独特的创作方法。

雪铁龙住宅〔右〕 白色箱型住宅的最初实例,但墙壁的构造过厚,减弱了建筑的新颖程度。
雪铁龙Ⅱ住宅〔左〕 最具轻盈明快感的"ᄃ型"实例,"空中的居住空间"作为"ᄃ型"的一部分,开始向空中出挑。这一部分具有很强的独立效果,一直延续到萨伏伊别墅的创作。

摩天楼型住宅〔左〕 从全集第一卷里刊载过的照片中可以感受到屋顶突出部分的重复,制造出的透空的进深效果。
贝沙克居住区的初期方案〔下〕 可以说透空长方体所揭示出的多数整体都增添了"ᄃ型"的形态。

里泽住宅区 (1924) 初期方案是"ᄆ型",在实现的7栋住宅之中,沿街一侧的3栋是"ᄃ型",由两种有代表性的原型推敲而来。这里的"ᄃ型",出挑部分下面和两侧所具有的"长方体形状的空间体量"也是贝沙克居住区中Z字型住宅和梅花型住宅的预演,"ᄃ型"的出挑效果集中反映了"空间的出挑"这一构想,是一个重要的延续特征。

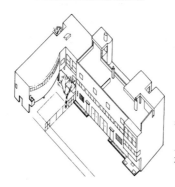

拉罗什住宅 (1924) 画廊部分的两端因为有小的阳台,所以这一部分的侧立面构成了"ᄃ型",好像将画廊空间放大了。

"ᄃ型" 在贝沙克居住区中各种各样的"凸型"之中,特别重要的是"ᄃ型",它将"空间的体量"在空中加以出挑和重叠。实体和空透两方面的"主角的延续"相交叉应该是最重要的。

(3) "厂型"的系统——另一个"喜好的轮廓"

艺术家住宅（1922），其居住空间的大部分突出于空中，是后来反复出现的和"厂型"一样重要的"厂型"轮廓的最初作品。在实施的作品中，莱蒙湖畔住宅（1925）大概是最早的。它的外观呈现出匍匐于大地的低矮箱型，但从剖面上看，一端作了下挖处理，虽然是为了功能的需要，但可以看作是"厂型"的体现。这个极小规模住宅的主人是柯布西耶的父母，他首先设计了平面，然后选择与其适应的用地。对柯布西耶来说，最低限度的原型性格的汇集是设计的一个条件，重叠在简单箱型上的形态主张就是"厂型"的剖面。

拉罗什住宅（1924）的最前面部分，是上部出挑的"厂型"箱型，但是外墙只有一个面向上伸展，山墙面的轮廓形成了"凸型"，在廊道上可以首先看到两个柯布西耶所喜好的轮廓；另一方面，在最深处，画廊部分向左侧有比较大的出挑，廊道一侧的整体轮廓也形成较大的"厂型"，可以说是以双重的"厂型"来迎接来访者。包含其他部分在内，拉罗什住宅是一个以各种各样柯布西耶所喜好的外形轮廓汇集而成的个性化作品。在斯坦因住宅（1927）的设计过程中，一直到最后才选定的方案有些令人迷惑，它曾在全集第一卷中刊载过。靠前突出的一栋是呈L型的平面，与拉罗什住宅非常相似，加上左侧使用了独立支柱，使其和"厂型"的整体外形相同。

前面所看到的线条画（1924、P29）告诉我们，柯布西耶在这一时期的想像力方法，是将所喜好的外形轮廓做各种各样的叠合。歪着看到的瓶子，由于形状是歪的所以并不美。不按照视点位置的一般状态，而选择从上面看到的圆形和从侧面看到的形状来描绘器皿的圆形、吉他的琴身等，集中了物体所固有的特征，然后提炼、汇集它们的轮廓，将它们在画面上集合、重叠，形成独特的、复杂的形态世界。可以想像建筑也是同样，柯布西耶在寻找对他来说重要的轮廓，圆形与正方形等纯粹的几何学轮廓不是他的目标所在，他一定要探究汇集建筑所固有的某些特征的"原型轮廓"。从20世纪20年代前半段出现的"凵型"和"⌐型"可以说就是一个实际的例子。

贝沙克居住区的古利纳型住宅的主体是长方体，开口集中在下面的一侧，"⌐型"的墙体也是一种被分解的形态。在着色的立面图上，建筑背后的树木描绘的很清晰，强调了开口的通透度和"⌐型"的轻快感。柯布西耶不仅强调"喜好整体轮廓"，也要表现"立面表情"的性格。昌迪加尔议会大厦（1964），具有20世纪50年代的浓重雕塑造型的意味，是强调南亚地区的风土和人际交往的典型实例，也是柯布西耶开始放弃20世纪30年代白色箱型风格的一个轨迹点。议会大厦的剖面是一端有部分下挖的"⌐型"，从其立面也能领会到不规则墙体反映出来的"⌐型"。

郊外的周末住宅（1935），其屋顶由土来覆盖，与稳重的大地结合在一起同化为洞穴式住宅，显示了从雪铁龙Ⅱ住宅到萨伏伊别墅所体现的与20世纪20年代轻盈的几何学形式的"空中的生活"正好相反的创作方向，但剖面上仍然是一端下挖的"⌐型"。上野国立西洋美术馆（1959）的外部楼梯是"⌐型"和三角形的结合，表述着单独作为楼梯功能之外的形态个性。从20世纪20年代开始，

艺术家住宅 (1922)　和雪铁龙Ⅱ住宅同年设计，清晰地表明"Γ型"的最早实例。

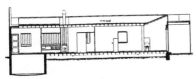

莱蒙湖畔住宅 (1925)　外观接近于简单的白色箱型，剖面一端下挖呈现出"L型"。

拉罗什住宅 (1924)（右）　最前面的"Γ型"箱体具有"Γ型"立面，深处是向左侧出挑的画廊部分，廊道一侧的立面整体上是"Γ型"。将喜好的外形轮廓加以组合，产生出与简单的几何学立方体不相同的活力和复杂的个性。

斯坦因住宅 (1927)　全集中刊载的这个最后选上的方案，L型平面与长进深用地相对应，左边是运用独立支柱的"Γ型"立面，在这一点上与拉罗什住宅很接近。

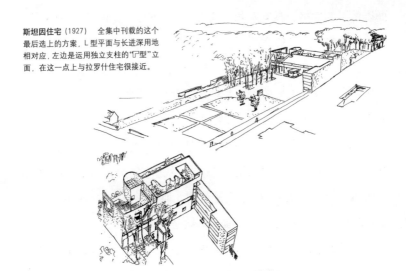

"Γ型""L型"的出挑部分更强调"在空中的独立"效果就是"Γ型"

国立西洋美术馆（1959） 明确表现出"厂型"，其出挑的前部以和马赛公寓相似的柱子加以支撑，附带有封闭的箱型，迎接来访者的出挑部分是柯布西耶喜好的轮廓形态的重复。

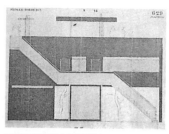

郊外的周末住宅（1935） （下） 是与空中的萨伏伊别墅相反的横卧于大地的洞穴式住宅，但剖面还是"厂型"，延续了柯布西耶所喜好的轮廓，作为住宅空间，向相反的意象变化。

贝沙克居住区的古利纳型住宅（1926） 外形是长方形，开口集中于右下方，背面强调了通视的效果。剪裁的"厂型的墙"显得很轻快，也可以说是在喜好的外形轮廓上使其个性化的矩形立面。

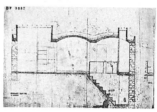

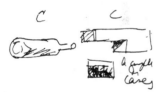

全集第五卷刊载的草图 "瓶子及马赛公寓的住宅单元之一是一个完整体……"这是它的一段说明，描绘了瓶子是"厂型"，住宅是"厂型"。

特鲁瓦住宅（1919） 混凝土制造，还残留着一部分屋檐的简洁箱型。"高箱体与低箱体并置"这种构成感觉与施沃普住宅相延续，一端下挖的剖面形式是"厂型"的萌芽。

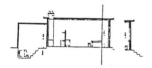

昌迪加尔议会大厦（1964） 在广阔的原野上，为了体现出一端固定于大地，而形成下挖的"厂型"，山墙立面上开口部分剪裁形成的"厂型"墙很生动，剖面与立面采用相同的轮廓原型，增强了它的个性。

直到柯布西耶的晚年，"Γ型"不依赖整体与部分、功能、风土等因素，其创作的丰富多彩隐隐可见，反映了柯布西耶个性的延续。

特鲁瓦住宅（1919）是比翌年的雪铁龙住宅（1920）更简朴的箱型，它有檐口，窗也是矩形的，能够感觉到最初期作品的不成熟感。它的外观虽很难看出其个性特征所在，但在剖面上一端有下挖，地下室虽不算太深，但可以体会到"想使箱型的端部固定在大地上"这种意图，其实也是在告诉我们"Γ型"的起源。"Γ型"主要表现在立面上，而"Γ型"则是在剖面上发展。在这里，好像有与"喜好的轮廓"之外的空间想像力融为一体的背景，这不仅仅是简单的一端向地下扩大。特鲁瓦住宅可以说是支撑"Γ型"空间形象的原点。20世纪20年代，柯布西耶开始依赖内外均质的、以几何学世界的原有状态来扩展思维，他的每一件作品的具体产生都将与大地的垂直关系作为起点，但重要的似乎还是其构思的水平扩展。

将这个时期的柯布西耶理解为只"依赖纯粹形态的美"是不够的，即便是基本的几何学，也还有各种超越它而独自存在的追求。长方体本身的状态似乎不能成为建筑，也不能说它仅仅是几何学图形就没有性格，不讨人喜欢。"ロ型"也好，"Γ型"也好，"Γ型"也好，它们的形成并不是单单为了创造丰富的表情，可以说它是与建筑的整体和空间密切相关，是重叠着某种执著精神的、更本质性的创作原型。在不过是几何学图形的长方体上进行重叠处理的想像力方法，反映出来的是建筑形态的独特性如何被人们所感知。

2. "存在感对比"的骨架——在变化背后所看到的

(1)"水平出挑"与"垂直的塔"——魏森霍夫联排住宅与朗香教堂

柯布西耶在魏森霍夫住宅展（1927）上有两件作品，其中之一是联排住宅。在原野上漂浮的长方体被评价为"接近于他印象中的理想社会"（W·盖迪斯）。实际上，在坡地上，它具有比萨伏伊别墅更强有力的"在空中独立"的效果。但是，由于独立支柱部分被完全挡在后面，因此有些暗，也看不透，所以其最重要的"漂浮起来"的效果受到了很大的影响。产生了与萨伏伊别墅的"独立"不同的效果，让人感觉有些封闭。

魏森霍夫住宅展28年之后建造的朗香教堂（1955），可以说是柯布西耶20世纪30年代之后风格改变后所达到的目标。和白色箱型样式完全不同的是如此自由的雕塑般造型，让人很难想像这是同一个作者的作品。但是，也不能就此认为与形态和空间有密切关系的想像力100%地被别的东西替换掉了。不管如何改变，如果没有长期的延续与积累，就不会有他的成熟。初次阅读这些作品会有一些共同的基本认识，两件作品都是伸展于斜坡上，从观赏的位置看，均在空中也有较大的出挑。这样的"出挑"和"伸展"的效果，作为创作的支撑点是相似的。乍一看20世纪20年代的"几何学形态"和20世纪50年代的"雕塑造型"在视觉上形成了一种对比，但是，以全身心的感受所接收到有关的类型的、轮廓的、存在感的这些基本效果应该说是相同的。

如果我们绕到两个建筑的背后，会感觉出完全不同的形态特征，但在这一点上它们也是相似的，"伸展"与"出挑"的效果消失了，而以塔状的要素来支配，在魏森霍夫联排住宅上是细长的长方体形状的楼梯间，在朗香教堂上则是圆形的采光塔。功能也好，形状也好全都不同，但是，两者"直立于大地之上"的那种存在感是共同的。

大约相隔了30年的两个建筑，前面是"水平、出挑、伸展"的效果在起支配作用，后面则对应着"垂直、升起、塔"的变化。由建筑的前面绕到后面，可以体会到相反的形态特征，在这一点上又是完全相同的。魏森霍夫的联排住宅中，正面与背面，在轮廓是几何学形态的这一点上是统一的，但是，在轮廓原来的存在感上则是相对的。朗香教堂也一样，正面与背面在都是曲线造型这一点上是统一的，但在不使用规整外形轮廓的大致手法上是有对比的。这是当你看完这个建筑之后从无数丰富印象中得出的结果。前后的对比是在对建筑作品参观体验的记忆、理解的基础上总结出的主要特征和构成的氛围。

首先要从目光所及的轮廓特征来理解建筑形态，同时也要以全身心的体验去感受它的存在。外形轮廓原有的基本状态承载着各种各样的表情，和绘画相比，建筑特征的那种存在感在现实中有着很深的表述点，它可以告诉我们与建筑紧紧相关的想像力也出自于轮廓的基本形态。作为具体的轮廓构思，大概也是在无意识之中描绘出来的。

魏森霍夫住宅，前面出挑而后面高直，这种对比汇集成了山墙一侧的"厂型"立面。"厂型"轮廓如实地反映出作为建筑体验的"正反两方面的对比"。另一方面，雪铁龙II住宅（1922、P49）也是前面水平出挑，后面塔状垂直，在这一点上也是相似的。在正面，空中的居室部分向前出挑很多，绕到背后则可以看到从大地立起来的纵向垂直体量。"匚型"和"厂型"轮廓的形态变化的构成是相似的。在魏森霍夫住宅上，独立支柱的背后被填塞满是为了使正面与背面的对比更明显，这大概就是与萨伏伊别墅不一样的意图所在，假如要使独立支柱看得很清楚，背面的楼梯间下部就进入人们的眼帘，只要看一眼就能想像出来建筑的整体骨架和其之间的对比效果。

通过几何学表达"前面水平出挑，后面垂直竖立"这种强烈对比的方法并不是只有一种类型。依托一体化的箱型构成了雪铁龙II型住宅；将"横长的箱体"和"纵长的箱体"分开，并强调各自的性格，就构成了魏森霍夫的联排住宅；分解、再构成，进一步在斜坡上夸张地表现，以相同的方法，以自由的雕塑手法使塔和屋顶进行对比，就构成了朗香教堂。想像力深层相同的构成性质是通过不同的形态来表现的，不断重复的"匚型"和"厂型"，证明了其背后想像力层面上的延续，也因而产生了20世纪20年代和20世纪50年代直接结合的特征。柯布西耶的构思是多样的，在想像不到的有限范围内进行着延续，并产生出最大可能的变化。

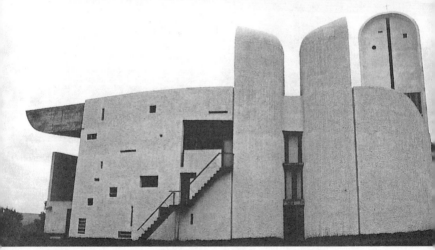

延续的"存在感对比" 从乍一看完全不同的魏森霍夫联排住宅（1927）和朗香教堂（1955）上，能感觉到基本视觉效果上的一个共同的对比感。表现出相隔28年仍延续的一种东西。

魏森霍夫联排住宅　建在可以仰视的斜坡位置上，比萨伏伊别墅更加强烈地表现出"空中的独立"。但是，独立支柱后面被塞满而无法通视，可以说是没有有效地利用建筑用地，但还是实现了一些效果。

魏森霍夫住宅展的模型　最前方是联排住宅，如果从上面看，前面是"空中的水平箱体"，背面是扎根于大地的"垂直的箱体"，不同存在感的要素被连接起来。因为独立支柱被封闭，从正面看不见背后，因此可以更加有力地体验两者的对比。

魏森霍夫联排住宅山墙一侧外观和朗香教堂　不论哪个建筑，如果绕到背面去，遮盖的效果就消失了，而塔状要素的"垂直"感则构成支配形式，前面和背面的表情对比是共同的。

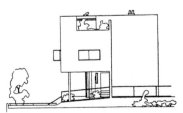

魏森霍夫联排住宅　山墙一侧为"「"型"立面，汇集了前面和背面表情的变化及对比。

朗香教堂　乍一看与魏森霍夫住宅完全不同，但在斜坡上伸展这一点上是相似的。

(2) 体现在"空中独立"上的构成方法——另一种构成感觉／组合方法

萨伏伊别墅（1931）是一个"空中的白色箱体"，但它并不是一个只靠这种效果来支配建筑整体的简单作品。如果你环绕四周，可以发现它的表情基本上是变化的。廊道一侧的独立支柱部分很窄，漂浮于空中的效果很弱，而扎根于大地的稳定印象却很强。而且，一层和二层的墙面大致上是相同的，也像是在大地上峭立的垂直面一样。相对的庭院一侧，独立支柱较长，屋顶又承载了一个大的曲面墙，因此有些头重脚轻，感觉很不稳定。主角的长方体犹如覆盖在空中一样，最初看到的建筑表情和绕到它背后所见到的形成对比，前者是垂直的，而后者是水平的。当然，"支在细细柱列上的箱体"这一新的基本点是不变的。在不会对它有大的影响的范围里，重复表情的变化可表达出其他一些意图。整体上看，建筑背面与大地紧密相连，正面则做较大的出挑，和魏森霍夫住宅相似，形成正面与背面的对比，可以说基本的存在感接近于"匚型"。主角显示出高度的完整，它所承载的含意和所显现的效果，都表现出向前推动创作发展的态势。透过这种背景，可以使人感觉到柯布西耶那不一般的想像力世界。

前面所说的"凵型"原型（P34），并不是简单的在空中独立，有楼梯，人就知道从地面进入，和几何学图形不同，这说明了最小的一组元素的功用。相反，在萨伏伊别墅中，主角在空中独立，作为整体，它是某种构成方法的组成部分，重复着与大地紧密相关的紧张感。它和单纯图形不同，使人能感觉到现实的存在感，也可以说，几何学图形的组合能够唤起弥补人类身体的感觉。

柯布西耶1929年在南美的演讲中，为了说明当时正在施工的萨伏伊别墅，留下了一些描绘剖面的草图。空中的"水平箱体"像是悬空一样与"垂直箱体"相交叉，形成了"中形"。夸张地表现整体构成意境的草图虽不太准确，但还是直接地传达出了作者所赋予的骨架效果和随之而来的想像力方法。

雪铁龙Ⅱ住宅是最早的"空中的居住空间"的例子，但是，"凸型"的出挑部分还不太够，其出挑部分最接近于"在空中独立"的效果，因此，我们就可以理解萨伏伊别墅的"中型"了。从雪铁龙Ⅱ住宅→魏森霍夫联排住宅→萨伏伊别墅的发展过程，可以直接表述为从"凸型"→"凹型"→"中型"的原型演变。从"在空中出挑"到"在空中独立"，三个类型的形态发生了变化，按照这个顺序，比起"出挑"来，"独立"要处于优先的位置，"出挑"和"独立"相克，其中，"独立"占上风就产生了萨伏伊别墅，这就是20世纪20年代的"主角的进化"。可以看做是形成"独立"在整体风格中占主要特征的过程。这样就可以更加明白难以简单地说明"喜好的轮廓"的重要意义了。

空中的体量呈现出"漂浮于空中"的姿态，可以说是对以往传统建筑的极度否定。毋庸讳言，萨伏伊别墅的创作也是行走在困难的羊肠小道上，这大概也是柯布西耶日后改变创作方向的主要理由。在20世纪20年代，柯布西耶也在其他方面探索了很多

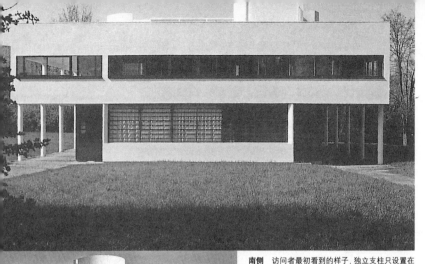

南侧 访问者最初看到的样子,独立支柱只设置在两侧,一、二层的墙面大致上是连续的,显示出最稳定的外形轮廓,也接近于"峭立的垂直面"的形态。

西北侧 "空中长方体"的基本体形,整体上显示出独立的状态,背后看是端坐在大地上,前面看则犹如向空中探出身子一般充满动感。

  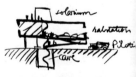

雪铁龙Ⅱ住宅模型(左)·**魏森霍夫联排住宅立面**(中)·**在南美演讲(1929)中绘制的萨伏伊别墅的剖面草图**(右) 右图的剖面图画的很草,谈不上很准确,但还是可以感受到借助于"整体的构成意向"的那种夸张。"冖型"、"冖型"、"冊型"这些原型,全都是扎根于大地的"垂直箱体"和空中出挑的"水平箱体"的组合。按照这个顺序,每个箱体的独立性提高了,两者的对比显著。可以理解为"冊型"的"垂直箱体"在近乎抑制自己主张的状态下促成了萨伏伊别墅的诞生。由此也就明白了原型的进化和产生逆转的过程。

变化的表情和状态 萨伏伊别墅(1931)基本上是个"空中的白箱",使人窥见到在不影响其效果的范围内不同表情的交替,以及柯布西耶想像力深处的延续之物。

萨伏伊别墅（1931）的独立支柱部分　空中的长方体被细的柱子支撑着，像是沿着大地在流动，半圆筒形上面承载的构成感觉也被重复着。

贝沙克居住区的梅花型住宅（1926）　透空的长方体承托在圆筒体之上，"虚"的主角也预示着萨伏伊别墅的构成感觉。

库克住宅（1926）　白色箱型位于圆筒体之上这一点，直接预示了萨伏伊别墅的形式。

特凡特住宅（1924）　空中透的长方体，服于包含有螺梯的圆筒。

"圆筒＋长方体"的构成　实体也好，虚体也好，"主角的风格"屡屡依从于圆筒形，在这里，实与虚两个类型的长方体的作用是同等的。

北侧　环绕庭院会发现全部的表情都在变化，独立支柱很细且退进很深，屋顶上犹如挡风墙一样的巨大墙体向外扩张，整体的感觉是头重脚轻，"空中的长方体"给我们以巨大的水平覆盖的印象。

63

创作问题。这些不应该被完全抛弃，特别是建筑的构思，更难以从那些积累中脱离。从20世纪30年代开始，白色箱型这种直接的视觉感觉的特征消失了，但是，在背后支撑白色箱型作品个性的东西变化了没有？我不敢妄下断言。要达到支撑柯布西耶具体构思的想像力深处确实很难，需要从作为结果的作品中来研读他的类型问题。朗香教堂的基本点使我们看到了"厂型"特征，它唤起的独特形态长久地延续着，即便说20世纪20年代流行的白色箱型已成为不需要之物，但承载其主角，促成其成长、成熟的个性部分还是根深蒂固的，是不容易被别的东西所取代的，换句话说其保留下来的东西可以替代其他部分。这样来思考的话，通过具体的研读这些线索，就可以找到柯布西耶丰富作品体系中延续和变化的因素了。

　　萨伏伊别墅是在绪论所描绘的"达到极致的主角风格"上增加了"更长久地延续个性的风格"。如果对一个名作重复出现的风格进行研究，可以看见其创作作品中多层面的东西。"凵型"、"卜型"、"厂型"、"申型"等原型超出了主角的变化，告诉我们柯布西耶独特的、具体的构成方法。即便看上去有变化，但柯布西耶在这些喜好的外形轮廓上倾注的基本感觉却是延续的。大致可以确认，那些他喜好的轮廓原型支持他的创作向更深层次延续，与各个时期具有强烈实际感受作用的主角在想像力的深层次上进行对话，以描绘出更丰富的、栩栩如生的形态，这也是柯布西耶个性化创作世界中的一个具体的构成方法。

(3) 组合的原型——被放大的个性

朗香教堂（1955）各个立面的表情有很大的不同，檐口的深度、墙壁的厚度、顶棚的高度等随每一不同场合每时每刻都在变化，像是一个由无数不同剖面描绘出来的建筑。但是，在设计阶段是不会意识到所有剖面形式的，几张放大的剖面图整体上基本相同，只有一点点的不一样，但这并不重要。只有几张隐藏着构思骨架的图是可以信赖的，应该是它指引了创作的方向，并导致了最后的形态。其他剖面只能假设为属于或者是处于从属地位，或者是一种偶然被发现的形式。朗香教堂的许多剖面中存在着与我们前面提到的在南美演讲中描绘的萨伏伊别墅的草图基本相似的地方。采光塔和屋顶相交叉形成了"中型"，在柯布西耶那不被任何东西所束缚的自由造型世界里，隐藏着与24年前相同的剖面构成。柯布西耶想像力深处多层次的组合方法，如果没有大的变化而生机勃勃延续的话，这种唤起紧张感觉的剖面形式就是足以信赖的最重要的线索了。

在全集第五卷中发表的朗香教堂竣工之前的立面图，以左侧竖立的塔为起点，屋顶向空中伸展。背面的塔与前面的所谓屋顶统率着整个建筑的"垂直与水平的对比"，这也是我们研读过的经典之处。这个汇聚了整体骨架的图形使我们与"凸型"产生了直接的联想，也可以看到与33年前的雪铁龙Ⅱ住宅（1922）相同的构成感觉。

朗香教堂可以看成是柯布西耶放弃白色箱型后的作品系列上的

各种剖面 时时处处都有变化的复杂曲面造型, 产生了几乎无数不同的剖面形式。

雪铁龙II住宅 (上) 出挑平台的倾斜扶手墙使人想到朗香教堂方案中外部的围墙, 无论怎么说这种感觉是类似的。

在方案设计阶段发表的**朗香教堂的立面图** (左) 中, 和"⌐型"共同的感觉已经表现出来。

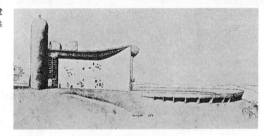

典型的剖面 萨伏伊别墅和朗香教堂乍一看完全不同, 但剖面所表现的构成感觉是基本类似的, 两种类型的要素将垂直和水平的不同存在感加以对比, 形成了"中型", 这一点是相同的。

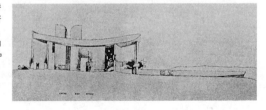

朗香教堂 (1955) **的构造** 乍一看无法捉摸的形态, 其构造的特征其实是形成很多成果的原型特征的延续。

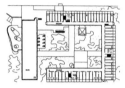

拉杜瑞特修道院（1959）（右）**和昌迪加尔议会大厦**（1964）（上）**的平面图** 都具有矩形的外部特征，体现在"口型"和"S型"组合的构成这一点上是相似的。

拉杜瑞特修道院（右）**和昌迪加尔议会大厦**（上）**的外观** 都显示了"口S型"平面对应"厂型"立面的重叠效果，前者是在"厂型"的出挑一侧形成"S型"，后者是在出挑的端部形成"口型"。将相同的原型做逆向的组合，产生出不同的多彩魅力。

"相同原型"产生的"不同构造" 同时期的两个作品，基本上以"口S型"作为相同的平面，相同的"厂型"立面原型由于逆向的重复，形成了不同的复杂个性。

一个特殊变化的作品，在它上面重叠着各种各样的"匚型"、"厂型"与"中型"的影子。不管怎样，各种自由曲线的形态唤起了柯布西耶"喜好的轮廓"的延续。通过"垂直的白色箱体"和"水平的白色箱体"来表现个性的相同感觉被无数次地重复，直至达到最自由的表现。这里也表明，粗看是完全不同的20世纪50年代的创作，其实是20世纪20年代的延伸。我们所见到的突然变化的造型背后，其实蕴藏着极强的延续性。

拉杜瑞特修道院（1959）将"口型"的教堂与"コ型"的其他房间加以组合并置，形成了"口コ型"平面。如果你去访问它，首先迎面而来的是教堂巨大的无窗墙壁，如果你转到其相对的一侧，可以看到架于空中的修道士们的房间。前者垂直挺立，后者水平延伸，两者在立面上形成了"厂型"。整体上是基于"口型＋コ型"的立体"厂型"。柯布西耶首先构思了"空中的居住空间体"，并以此引导整个设计过程，其作为"空中主角"的居住空间体被设计成"コ型"，在整体的"厂型"立方体中占据着一定的地位。在不破坏"空中长方体"这一基本前提下，"厂型"方法的展示使我们想起了萨伏伊别墅。

昌迪加尔议会大厦（1964）的平面也可以看成是由"口型"和"コ型"组合而成的"口コ型"。而剖面和立面则表现出厂型特点。"厂型"部分相当于在空中出挑的一侧及端部向上翻卷的部分。虽然与拉杜瑞特修道院的组合方法相反，但在"口コ型"的平面上，重复立面、剖面的"厂型"这一基本构思是相同的。几乎是同一时期建成的这两件作品，各自具有很高的独立性，表现着各自基本的构思，乍一看很难看出矩形平面之外的共同点来，但是复合的构成方法是相似的。依赖于少数原型做出出乎意料的组合与展开，可以说这是柯布西耶从很有限的前提条件中扩展出丰富思想的方法之所在。

最初的重要原型雪铁龙Ⅱ住宅（1922）、汇集了通透意象的萨伏伊别墅（1931）、如遨游于自由构想一般的朗香教堂（1955）、集聚了从十几岁时就有的"集合的理想"的拉杜瑞特修道院（1959）、为抗衡过于严酷气候而强调夸张雕塑感造型的昌迪加尔议会大厦（1964），这些丰富多彩的作品是柯布西耶创作世界中代表着各种倾向的一批名作。几乎像是不同建筑师的作品，其魅力的不同使人实实在在地感受到了其想像力的丰富和开阔。但同时也包含着以某种意味延续下来的原型。在视觉效果基础上，作为具体轮廓原有存在感的骨架，使"凵型"和"冂型"的感觉具有内在的特征。的确，建筑形态因圆形和矩形这种图形特征而容易理解，但是，也可以说建筑形态最基本的问题是以轮廓特征原有的那种存在感的效果来"创造什么样的空间"。"凵型"和"冂型"可以说是形成那些建筑最小独特效果的形式。个人的想像力从那些类型建筑紧密联系的层面上与延续的要素进行对话中构思出具体形态，这一点就确保了更大范围内的、目光所及的轮廓都是难以抑制的个性表现。单一的箱型也好，复合的箱型也好，曲面形状的屋顶也好，塔也好，同样进行有效的处理，那种构成感觉的汇集就形成了独特创作世界中实现高产的多种手法。

3．原型的"连结"和"重复"——白色箱型的成熟

(1) 被联结的原型——拉罗什·江耐瑞住宅

20 世纪 20 年代的前半期中，柯布西耶创作的原型方案很多。工匠住宅（1924）的外观缺乏超越简单箱型的特征。但是雪铁龙Ⅱ住宅（1922）的"⌐型"、艺术家住宅（1922）的"⌐型"、唐金住宅（1924）的"⌐型"等，汇集了后来具有重要意义的个性原型。因为都是最小规模的方案，所以可以说只集合了极简单的特征。相反，当我们经过思考后发现，在那种整体感比较强的大型住宅上，形态的问题也变得不同起来。即便是重要的"⌐型"原型，假如就那样原封不动地运用到大型住宅上，用单纯的原型也无法完成。最初的大型住宅拉罗什·江耐瑞住宅（1924）的复杂体形就说明了这一点。这样，我们也就明白在单纯的原型上，小住宅和别的类型要追求新的"白色箱型的形式问题"了。

柯布西耶晚年在接受采访时说，这个住宅是一把理解"自己作品的钥匙"（S·莫斯）。20 世纪 20 年代前半期，柯布西耶进入到确认集聚初期构思的"小规模简单原型"是否可行的阶段。如果是这样，也就涉及到了更高的"大规模和丰富表情"的问题。如何运用原本有性格的几何学形态培育出丰富的建筑形象呢？小规模的作品仅仅是在整体外形上主张个性，到了大规模的程度时，就被要求有与之相称的复杂度和多姿多彩。可以说柯布西耶的这种探索从这个住宅正式开始，在多米诺体系上发展"最小规模的原型试验集成"和别的风格也是从 20 世纪 20 年代中期开始的。

拉罗什·江耐瑞住宅使人看到各个部分的原型形态，正面整体上是"厂型"，最前面叠加着"厂型"和"卜型"，三重个性的外形轮廓首先映入我们眼帘(P52)。而且，更深处的侧立面也有"卜型"(P49)，这种轮廓的其他方面也使人看到各部分的特征形态。如果你去访问它，首先会被凸窗的突出形状所吸引，开口围绕着建筑角部，墙像是从内部推出来一样突出于体量。其次，极长的水平连续窗呈直线地将目光一直导向深处。最深处的画廊部分凸出来，巨大的空白墙面在空中向观者伸展着体形。由于用地很深，因此到入口的距离比较长，这种处理使人在边眺望这些有个性的建筑表情的同时也就走到了建筑的入口。以这个顺序映入眼帘的不仅仅是丰富的有魅力的细部，可以说每个部分都是用当时新的建筑样式及其重复来表达柯布西耶个性世界这样两种表现可能性的典型代表。

最初所看到的出挑窗的凸出，显示了薄薄的墙体向外界展现"内部信息"这样一种新的样式；其次，长而大的水平连续窗以新的构造可能形成夸张、自由的开口表情，告诉我们"立面的速度感"这一未曾有过的视觉感受。尽头的画廊部分是建在独立支柱上的箱型，象征着五原则和"主角的风格"。"在空中膨胀的墙面"位于入口上方，与几乎同样大小的玻璃墙面相邻，在空中完成的"空白的面"和"透明的面"的并置，可以说是如同胞兄弟一样产生出了对比，所谓"实与虚"形成了新的可能的表现幅度。而且，在建筑上面还能看到五原则之一的屋顶花园；再有，最靠近眼前的"厂型"

靠近眼前这一部分，由箱型的出挑形成"厂型"，其外侧是矩形墙面，立面呈"匚型"，会合成两个类型的原型重叠。同时，也显示了在两侧围夹之中出挑这一"匚型"效果，廊道的整体也因为深处的出挑而形成"厂型"的外形。

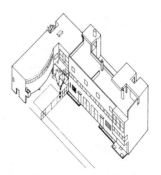

在轴测图上很容易理解被称为"原型联结"的效果。

拜访此建筑，首先看到的是最前面的箱型出挑（左），角部的连续窗强调了建筑的内部信息，现代建筑样式最重要的表现效果首先映入眼帘。

拉罗什·江耐瑞住宅（1924）　柯布西耶最初设计的大型住宅。联结几种原型形成建筑的复杂感，表述着白色箱型的成熟状态。

画廊部分是表现承载主角风格的"独立支柱上的箱体"。同时，空白的墙壁在空中向前方出挑，唤起和"⊏型"相似的出挑效果。更因为侧面的板状效果，暗示了"在围夹中扩张"的"⊓型"效果。

内部也在几何学的轻快形态范围内展现出多种表情，展现出整体的丰富。

跨越两户，长而大的水平连续窗可以说是在没有结构作用的立面上才能产生的现代形式，产生出新的视觉震撼。

入口上方的大玻璃与画廊部分向外扩张的墙体相邻，形成"⊏型"和"⊏型"形成与主角完全不同的风格对比。

和"凸型"的重叠，以及深处的画廊部分，都暗示着"围夹之间的凹凸效果"。它被人称为"衣柜型"，可以用"凸型"表示，也是长时间延续的原型之一（P87）。

平面大致上是L型，首先出现在眼前的是出挑的体量，视线也从深处的独立柱子上脱离开，建筑整体在前、后对比的秩序创造中表现出丰富的表情。因为是建在建筑比较密集的地区，所以能够看到的方向和经过的廊道都被限定在狭长的范围内，以什么顺序到达入口？能使人看到什么？可以说是最简单的一个问题。即使只是简单地连接观赏点，也是在有意识地创造丰富的印象。

另一方面，沿着拉罗什住宅内部的道路行进，可以看到各种各样形式的表现，它追求一种置身于建筑博物馆中散步的感觉。从在本书开头所看见的入口大厅的中厅开始，斜坡道、采光条件要求分开的墙壁等等，细部的特征依次可见。这是"在建筑博物馆中散步"的体验，围绕它转一圈后可以留下丰富多彩的记忆。

在这个第一座大型住宅中，内外全都是各种有特征的细部的简单连接，对于柯布西耶来说，这是对许多"形态承袭"的并置。20世纪20年代前半期，小规模的方案和实际作品所确认的原型都可以依次看到这种处理。可以说它们是这个大型住宅创作的基本方法，对于新的形态世界的到来，柯布西耶的应对是以各个部分的具体特征来表现，将那些细部一个接一个地形成系列，最终实现了适合大型作品丰富形态的一种可能性。

(2) 剖面的重要原型——"∖型"、"卩型"和"匚型"

雪铁龙住宅（1920、P16）为了摆脱冷冰冰的长方体感觉，在简单的箱型侧面附加了一个外部楼梯，他选择了"∖型"。这一点与六年后的贝沙克居住区的古利纳型住宅（1926）是一样的，重复的地方就是"∖型"，它承负着该建筑的重要性，而不是随便加上的。另一方面，作为改进型的雪铁龙Ⅱ住宅（1922、P49）和作为发展型的魏森霍夫独立住宅（1927、P24）的外观虽没有"∖型"，但如果仔细看看，两个作品都有在一面墙遮挡之下的内部"∖型"，虽然没有外部的附加物，但是其内部具有与雪铁龙住宅相似的"∖型"。可以说是强调"剖面上的重复"，或者"透视的感觉"而附加上的。不论是位于墙的内侧还是外侧，使人沿着长长的墙壁上下移动而进行处理的意象是共同的。"∖型"依附在长方体的墙壁上，也可以说是矩形和"∖型"重叠的效果。如果要想知道这个时期柯布西耶创作构思的独特之处在哪里，就有必要透过我们所看到的外观去看看它背后的想象力原型。在长方体的一侧布置楼梯这种形态和"凵型"是一样的，是箱型建筑构思的原型之一。外观是否表现要视具体场合而定，原型的存在显示出了一种自在的创作状态。

全集第一卷中刊登了许多剖面，像艺术家住宅（1922）、最小住宅（1926）、魏森霍夫联排住宅（1927）等属于"匚型"的箱型作品，它们的剖面当然也是"匚型"。另外，非常朴素的箱型特鲁瓦住宅（1919、P53）和莱蒙湖畔住宅（1925、P52）的剖面，在稍有些意外的情况下表现了"Г型"，可以理解为在想像力中长方体与"Г型"的重叠，类似的例子也不少。从被称为"实现了五原则"的、和"空中的白色箱体"接近的库克住宅（1926）剖面上也可以读出"Ｆ型"来，街道一侧的外观表现了"独立支柱上的箱体"这一意象，剖面具有"Ｆ型"的空间构架。对柯布西耶来说，重要的两个原型——"主角的风格"和"喜好的轮廓"在想像中相互交叉，大概是决定最终形态的直接手法。建于比利时的吉野特住宅（1926）虽然山墙立面稍呈"Ｆ型"，整体上几乎就是个简单的箱型，但是在剖面上，以对角线形状贯通的大楼梯仍可看出"Ｎ型"，可以读出采用了和前面所说的雪铁龙住宅的发展型相似的重叠方法。普拉内克斯住宅（1927）的剖面是一个矩形横向贯穿整体的形状，接近于被切断的空中长方体的图形。在这里，楼梯是贴建的，具有与"Ｕ型"相近的剖面形式。正面出挑的部分不仅仅是个附加物，还表明了作为贯穿整个形体的空中箱型的部分意象。

　　以上四件作品几乎都是同一时期的小住宅，均为外观简单的白色箱型。但是它们的剖面却有着各种不同的原型性格。透过这些可以看出对柯布西耶来说具有重要意义的外形轮廓，柯布西耶创造的白色箱型住宅的丰富表情决不是一个个随意想法的集合。柯布西耶以长方形作为基本形，将"Г型"、"Ｆ型"、"Ｎ型"和"Ｕ型"加以重叠组合，产生出一个个展现个性的直接骨架。白色箱型的表情丰富度与复杂度作为独特图形的原型的重合，反映出高度复杂的个

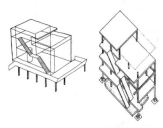

雪铁龙II住宅 (1922)（左）**和魏森霍夫独立住宅** (1927) 都是雪铁龙住宅 (1920) 的发展型，但沿着外墙一跑到顶的楼梯在这两个建筑的外部都没有，几乎相同的楼梯位于墙的内侧。

库克住宅 (1926) 集合了五原则的要点，具有复杂的特征，但从剖面看到的"匚型"用五原则是不能说明的。

吉野特住宅 (1926) 简单的箱型，由小的出挑形成了山墙侧的"匚型"立面，在剖面上以对角线状的楼梯贯穿形体，这点和雪铁龙住宅是相同的。

普拉内克斯住宅 (1927) 整体上是"置于地上的箱型"，但剖面上能够看出它是"在空中完成的箱体"。它的一部分出挑于街道一侧，形成"回型"立面，而且在贴建楼梯这一点上，也暗示了"凵型"。

隐藏于剖面中的原型 简单箱型的剖面形式中，有各种延续的特征。

性世界。它们就像柯布西耶的线条画一样（P29），表明"透明原型的叠加"这一创作思想。我们可以实际感受到柯布西耶形态想像力中超越简单白色箱型独立部分的"核"。

对于柯布西耶来说，白色箱型不是表现的目标，而是为表现个性世界采用的一个前提。不用说，白色箱型保证了整体的统一，也可以说它近似于柯布西耶的画布。白色箱型每一次对可能的大小和形状的调整配合，都以它的原型来变形，如此反反复复。透过"「型"和"「型"所看到的作品世界暗示了这种构思的方法。

剖面图是作为一个立体的断面形状来理解的，具有整体的、立体的个性，也派生出从属于整体的、剖面处的一些特性，通常会反映出这种"整体与部分"的关系。但是，柯布西耶的剖面除整体外常常还要表达其他的个性，唤起不同的建筑意象，也可以说是作为独特形态的存在而加以重叠的。它告诉我们与柯布西耶的创作密切相关的想像力的状态，特别是其复杂程度的具体特征。柯布西耶的设计通常是将必要的空间以平面和剖面为元素来构成，但也采用自己信得过的原型组合来形成整体的方法，以各种各样"原型的叠加"来创造特征。柯布西耶把建筑看成是"房间的集合"，在某些场合也被看成是功能的组合。也可以说他是把建筑作为"独自的形态存在"来进行创作的，这种构成感觉在通常的设计上交叉着，推动着他的独立性创作。

(3) 在立面上重叠原型——多样的形态召唤力

　　莱蒙湖畔住宅（1925）可以看成是简单的箱型，这是柯布西耶最小的建成作品之一，但绝不是以几何学的纯粹程度为目标的建筑。西侧兀立着一个大的墙面，东侧则呈水平向的出挑，虽也有功能性的说明，但也可以从形态的意图来理解。东侧是从整体上向庭院一侧出挑的"凸型"，西侧的大墙面也重复了这个效果。白色箱型以该建筑用地边界的大墙为起点，向庭院扩展着它的表情。剖面呈现出一端略为下挖的"凹型"，大墙面使人看到了"凸型"的暗示。在这个白色箱型上重叠了"凹型"和双重的"凸型"。大墙面和出挑部分也绝不是一时兴起而设计的，而是由连续的原型演变来的。主角是低而长的箱型，就那样置身于大地之上，并没有丰富的表情。在建筑的一端适当下挖，并强调向上伸展，同时，整体上以大的水平出挑形成扎根于大地的生命力。

　　普拉内克斯住宅（1927）是作为"主角风格"而刊载的作品，其立面中央的"出挑"可以看成是"空中长方体"的最早形式（P24）。这个出挑正面看是"回型"，侧面则是"凸型"的轮廓。同时期的阿道夫·卢斯有两个"回型"立面的作品，其中一栋是"回型"的中央出挑，其他部位后退。"回型"也是有意义的原型，这样一来，普拉内克斯住宅所具有的"预示萨伏伊别墅"的特征，在"回型"和"凸型"两个重要的外形轮廓的重叠中占据了一席之地。这也是"主角风格"和"轮廓原型"相交叉的结果。

普拉内克斯住宅的正立面重叠着几个原型，基本上是"水平窗开到最大限度的白色矩形"。一层是出租画室，几乎都是玻璃墙面，所以立面整体上接近于"独立支柱上的箱型"形态。方案初期，也是像库克住宅那样采用一层开敞的形式，这样就可以理解在实施的立面形式上还残存有"主角风格"反映出来的形态特征了。另一方面，中央出挑部位的上方有一个凹部，和出挑作后退式的对比，可以使我们看到后面出现的重要的"在两侧围夹之中的凹凸变化"这一"冂型"的萌芽（P29）。还有，如前面所见，这里的出挑部分也形成了"凵型"断面，即露在外部的卧室的一部分。

在同时代的许多白色箱型作品中，只有柯布西耶的作品具有复杂的个性。它带给我们的不仅仅是思考的方法和细部的魅力，可以说还有由持续追求原型的重复带来的独特的丰富的视觉感受。普拉内克斯住宅的临街道一侧，重复的原型唤起了新的形态世界。从这里可以窥见到柯布西耶构想新样式的、固有的、成熟的方法。

在拉罗什·江耐瑞住宅上联结着丰富的建筑表情，环绕它而行，可以留下"看到了丰富的内容"的印象，这是从大型作品的单调感中摆脱出来的方法。而小规模的普拉内克斯住宅的一个立面也能实现个性的复杂度，并且在这个住宅上并置的几乎是相同的原型。相隔数年的两件作品产生多种建筑表情的方法是类似的，也是不同的。同样是延续原型，前者是经过"连结"处理，而后者则采用二次"叠加"。组合方法的改变决定了不同的"复杂的个性"、不同的成熟方向。

巴黎南杰瑟寇里大街公寓(1933)是柯布西耶放弃白色箱型之后出现变化先兆的最初一个建筑。已经没有了轻盈的围合的白色墙面，而是一种玻璃盒子味道很重的形象，露出与相邻建筑共有的、很厚的预制墙体，内部有些近似于洞窟的感觉。可以感到空间形象也开始有了变化，街道一侧的部分，正面是"回型"，剖面则是"匚型"。处在两侧围夹中的惟一立面外观，表现出来的构图和起支配作用的条件与普拉克内斯住宅几乎是相同的。

柯布西耶的创作风格在这个时期发生了重大的变化，开始创作和从前不一样的作品。但是，他也并没有放弃20世纪20年代以来的风格积淀，而是选择另外的方向作为目标去创造新的形态世界。同时，仍存有融和白色箱型一起尝试形态创造的骨架，不用说是他信赖这种形式，同时以脱胎换骨般的姿态以表现世界的可能性作为新的目标。在公寓住宅中也存在着用惯用的构图来代替凝重表情的做法，我们也可以就此明白这之后以多变的面貌出现的柯布西耶延续和变化的具体状态。的确，自在、开阔的造型世界，其变化幅度也不应该是无限制的。相反的，柯布西耶似乎就是在有限的范围内，尝试着以少数的原型做最大幅度的变化。从他的笔尖下自然产生出的"喜好的轮廓"具有重要的延续意味，可以将它们做各种各样的组合，而且组合的方法也是可以变化的，柯布西耶对形态的想像力由此可见一斑。

莱蒙湖畔住宅 (1925) 规模较小，不立足于纯粹长方体，具有丰富的、复杂的特征。东侧的小出挑使立面轮廓呈"匚型"，两侧边界的大墙面，也给予了整体以"匚型"的效果，剖面也含有"匚型"（左下）。小的白色箱型重复了几个原型，也创造出各个部分的个性表情。

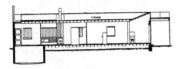

普拉内克斯住宅 (1927) 街道一侧的立面重复着和拉罗什·江耐瑞住宅共有的原型，基本上是为新样式打造基础的"具有水平连续窗的白色箱型"。但是，因为一层几乎都是玻璃窗，所以能看到"独立支柱上的长方体"这一初期方案的影子。正面可以说是施沃普住宅的发展，"匚型"的构图具有"出挑"和"凹入"的意味，重叠了"匚型"和"凹型"。同时，也可以解释为它们是在围夹中表现出凹凸这一效果，后来演变成日显重要性的"凹型"，具有复杂且独立的个性。

普拉内克斯住宅初期方案（上）当初是和库克住宅相似的"两侧围夹下的独立支柱型"，剖面为"匚型"，是对这个初期方案残存的记忆。

阿道夫·卢斯：巴黎的陶里斯坦·兹阿拉住宅 (1926)（右上）**和维也纳毛拉住宅** (1928)（右下） 同时期的卢斯，仍然以"回型"为基本，尝试"出挑"和"凹入"，比较相同的构图，在卢斯的作品中没有柯布西耶的从"几种原型的重叠"品味出的透明的复杂感。

重叠的原型 乍一看是简单的箱型，却具有丰富的特征，它们不仅创造了丰富的建筑表情，同时也实现了"延续原型的重叠"。

巴黎南杰瑟寇里大街公寓 (1933) 外观立面虽透明但表情凝重，告诉人们柯布西耶晚年变化的开始。但是，立面形式以20世纪20年代反复运用的"回型"和"□型"相重叠为基本效果。与普拉内克斯住宅具有相同的构图，重复着新的变化方向。

小结　在长方体上重叠原型——作为结论的斯坦因住宅

在斯坦因住宅（1927）的设计过程中，最后选择的方案（P52）有些让人迷惑，它有些近似于拉罗什·江耐瑞住宅（1924）。在进深较大的用地上对应布置 L 型平面，左侧具有独立支柱的"匚型"正立面，在与丰富的特征相连结这些方面是相似的。在实施方案中，那种个性的复杂程度没有了，几乎成为单一的长方体。形成整体对照的就是大型住宅如何向简单的形态变化。

如果你去访问它，首先就会看到北面"置于大地之上的白色箱体"。围绕在建筑角部的连续窗形成了两段并列的效果，和集合了许多原型的普拉克内斯住宅相比，规模虽大，却很简单。但是，当你转到反方向的庭院时就变得热闹起来，南侧的外观，整体上东西两片山墙高高地向上伸展，非常引人注目。中间是我们在绪论中所举的"大体量的凹入（P28、P37）"和"围绕在角部的出挑连续窗"的并置，表现为"匚型"，能够感觉到在两侧围夹中的凹凸效果。西侧是外墙和屋面板二者的交叉，东侧立面则形成只在二、三层向南向出挑的"匚型"轮廓。这样，斯坦因住宅让我们看到了四个方向完全不一样的建筑形态。这一时期的柯布西耶喜欢纯粹的长方体，但是这里所看到的北侧立面却不是以简单的长方体为最终目标，作为一个一贯的主题，使人感到整体的统一基调似乎是纯粹的立体主义，就像柯布西耶所信赖的描绘出自己个性世界的画布一样。

形态简单的北侧，没有承担荷载的墙面表现出"含有内部空间信息"的形态。是基于五原则革新的典型。作为后来国际风格调整期的时代形式，它汇集了明快的特征，窗和墙强调了水平包围建筑角部的效果，"轻盈地围合"这一效果在整体上并不是到这时才被证明出来的。

西侧显示了"垂直面与水平面的交叉"这种面的关系，也可以说是从"封闭的箱型"中脱离出来的形式。F·L·赖特主张的"箱型的解体"更接近于几何学所尝试的"出挑风格"。这种形式的展览会于1923年在巴黎开幕，有评论认为柯布西耶也受到其影响。

以上两个面可以各自理解为汇集了当时最先进的时代样式及其新颖程度。

南侧可以说是S·莫斯所评述的"衣柜型"的"ᄃ型"，是"在两侧围夹下上演的凸出和凹进的一出戏剧"。它经历了萌芽到成熟的演变，这是柯布西耶晚年时所广泛运用的原型。

东侧的"ᄃ型"在雪铁龙Ⅱ型住宅时就被确认，是仍然具有多样变化的"喜好的轮廓"。

以上两个面是柯布西耶使用时代形式所获得的个性化原型，其后更凸显了它的重要性。

斯坦因住宅四个方向的建筑外观不只是简单的不同，它们分别在时代形式、个人风格上展示了重要的建筑意象。乍一看是简单的长方体的四个面，却汇集了先进的最具时代想像力的两个原型，汇集了具有柯布西耶个性的两个原型。它们的重叠就使白色箱型共存了四种类型，可以说是一个特殊的形态整合。

北侧 象拉罗什·江耐瑞住宅一样，最前端白色墙面开口的同时，围合空间的效果支配着整个北侧。五原则得以实现的现代样式的革新点首先在这里体现。

西侧 墙壁没有像其他部分一样被包围起来，是近乎独立的水平板和垂直板相交叉的状态。让人想起当时最先进的荷兰的出挑风格的基本样式。

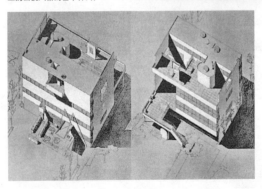

鸟瞰图 看似简单的箱型，实际上四个面都是采用不同的原型叠加而成的。

斯坦因住宅 [1927] **上重叠的元素** 初期方案的复杂程度在实施方案中变成了"简单的箱型"。但是，可以理解为在不同形式的画布上描绘同一个登场的人物，是一种不同的复合方法。

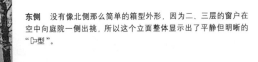

东侧 没有像北侧那么简单的箱型外形，因为二、三层的窗户在空中向庭院一侧出挑，所以这个立面整体显示出了平静但明晰的"□型"。

南侧 面向建筑的右侧，向空中出挑的窗有两层，左侧是一个大的玻璃凹入空间，产生出凹凸对比，而且可以说是出挑和后退的并置。东西墙体各自向上延伸，所以南侧整体上表现了"两侧封闭面向前方戏剧舞台"这一"凹型"的效果。

斯坦因住宅所集合的原型，在普拉内克斯住宅中几乎也存在，水平连续窗、山墙一侧立面的"凸型"、凹凸的上下对比等等，也可以说拉罗什·江耐瑞住宅中被连结的原型被重复到斯坦因住宅长方体的各个面中。20世纪20年代中期之前，是在小型作品上确认各种复合的阶段，以少数可以信赖的客户为基本，创造着不同的作品，在白色箱型这一范围内对个性的复杂程度进行着系统的尝试，可以理解为这是柯布西耶构思的独特之处，这种成熟也可与在绪论中所提到的"主角风格"的尝试相提并论。

　　创造新的、而且具有高度建筑美学形态的世界是不容易的。即使是信赖几何学的美，其他应该做的东西也还很多，首先要使观者觉得"以长方体为基础，实现各种各样丰富的表现也是可能的"，从而理解新形式的有效性。但是，将传统建筑遗产所展示的成熟手法简单化是不能完成几何学形态的，这些大概就是柯布西耶的作品，特别是20世纪20年代的作品里常缺乏"细部的精髓和魅力"的原因。在斯坦因住宅中，柯布西耶以原型完成了富有个性的世界，由此带来了崭新的视觉冲击和不曾有过的建筑类型的充实体验，也可以说这是新形式的创作问题，特别是独自尝试达到成熟的一个结果。仅仅从纯粹几何学的角度出发，理解各种各样具体特征的汇集，通过对时代背景和作者的解释，更容易理解形态的产生，实际上反映的是作品的类型问题。

第二章 "⊓型"与"◣型"——延续的配角

从第一章中我们知道,"空中长方体"是由"实体的风格"和"虚体的风格"构成的,并与控制它们的"⊔型"和"⊏型"等"原型风格"进行重组。除此之外,柯布西耶在20世纪20年代在屋顶、侧墙和基座等处设计的个性附加物也很引人注意,它们可以说是不随主角变化而一直延续到其晚年的一个重要的"配角"。

1．"⊓型"与"◺型"——配角及其起源

(1) 附加物的类型—— 20世纪20年代和20世纪50年代

雪铁龙住宅（1920）是白色箱型的起点，而昌迪加尔政府大厦（1958）可以说是柯布西耶20世纪30年代以后放弃白色箱型而寻求变化后的终点。两者之间有很多条件都是不同的，如时代、场所、气候风土、墙的材料与构造、功能、约20倍的规模差别等等，只有在建筑本体"大体上是长方体"这一点上是相似的。但是，将两个长方体的建筑表情加以对照就会发现，前者是20世纪20年代典型的"白色、轻盈的几何学的"建筑，而后者则是20世纪50年代典型的"雕塑感强、落影浓重"的建筑。这种"主角的差异"和上述各种条件的不同，可以使我们实实在在地感到30年以上的时间流逝。柯布西耶作品的初期和晚期，对比的建筑形象是受人喜爱的，在它们的主角上附加的东西也是相似的。雪铁龙住宅的侧立面有外楼梯，屋顶由线条构成长方体；昌迪加尔议会大厦的外观上可以看到紧贴着建筑的斜坡道，屋顶可以看见由出挑的线条和板状物体形成的附加体量。主角的性格不同，而配角却有着意外的共同点。

以上两个例子中，在箱型的侧立面上，为上下楼设置的斜面楼梯成为一个特征。另一方面，"⊓型"是"具有楼梯的原型组合(P36)"，是对在空中独立的主角的补充。此外，贝沙克居住区的摩天楼型住宅的外墙上部悬挂着楼梯片段(P44)；拉罗什住宅的入口大厅是出挑的楼梯形象 (P7)。虽然楼梯在各个建筑中的位置和效果都不同，但柯布西耶喜欢这种楼梯形式，每一次都依托这些要素

形成箱型住宅的内外特征。在它们之中，最长久延续下来的形式，好像就是在侧墙外面贴建楼梯这种做法。

贝沙克居住区（1926）中，只建了一栋古利纳型住宅，没有独立支柱，构造、平面也离五原则很远，没有曲面墙壁对比产生的丰富表情，也没有中厅，空间构成的个性较弱，总之，能够预言萨伏伊别墅那样的特征少之又少。另一方面，可以看见长方体的主体上重叠了"冖型"（P53），侧面有楼梯的"⟍型"，屋顶有呈"冖型"的板状附加体。这些让我们直接想到了六年前的雪铁龙住宅和30多年后的昌迪加尔议会大厦。在主角上重复"冖型"也好，作为配角的"⟍型"和"冖型"也好，这些不仅仅体现在这个古利纳型住宅上，且每一个元素都在别的作品上有所反映，只不过是在这个建筑上都有体现而已。运用延续的方法使如此简单的箱型住宅个性化，这些20世纪20年代就被确认的方法不只是"原型的轮廓"，也有"附加的配角"。这样，远离五原则的古利纳型住宅，除了革新的"主角风格"之外，同时还具有其他层面的意义，可以感觉到它是在主角之外，汇集了柯布西耶后来长时间延续的特征的一个作品，与萨伏伊别墅有着不同的重要性。

没能实现的奥利维提计算机中心方案，当初也是没有什么附加物的，只是呈现出长长的弯曲形状。但是，最终的方案（1965）图上出现了和七年前在印度竣工的昌迪加尔政府大厦同样的"配角"。经过各种各样方案的尝试，结果让我们看到了柯布西耶所依赖的习惯方法的汇总作品。在马赛公寓（1952）设计中，坡道和楼

雪铁龙住宅（1920）（左）**和昌迪加尔政府大厦**（1958）（右）　前者处在20世纪20年代白色箱型作品群的前列，后者是20世纪50年代强调雕塑感造型的典型。将主角加以全面对比，能使人感到时间的流逝和作者的风格变化，但作为附加物的配角却是相同的。

贝沙克居住区（1926）**中的古利纳型住宅**　没有独立支柱，没有曲面，也没有坡道，在这一点上，箱型以外的特征很弱，但是在"⌶型"和"◥型"这两个延续的配角类型所塑造的箱型性格这一点上，也能够看作是典型的柯布西耶的作品。

附加物的类型　20世纪20年代和20世纪50年代相比，柯布西耶的作风截然不同，但是屋顶和侧墙上作为附加体量的配角是相似的。捕捉柯布西耶创作延续性的一个侧面还应包括"轮廓原型"之外的其他手法。

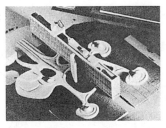

奥利维提计算机中心的初期方案（1962）（左）**和最终方案**（1965）（右） 是没有附加物的弯弯曲曲的箱型，但结果还是被整合成惯用的配角方式的箱型。

马赛公寓（1952）**屋顶** 作为屋顶上必要的附加物，首先是经常使用的"⊓⊓型"，其后被赋予了幼儿园的功能，我们可以想像成是这样一个构想的过程。因此，被反复运用的延续的配角和功能与规模是无关的。

梯并没有出现在建筑外面,但是,屋顶上最显眼的附加物体之一是一个"TT型"的幼儿园。"细柱子支撑着空中的楼板",几乎像是无意识之笔,经常喜欢用的附加物会首先出现在他的笔端,我想所谓幼儿园的功能大概是后来才赋予的吧。

20世纪20年代和20世纪50年代,柯布西耶的创作风格完全不同,外观看上去就不一样,特别是主体引人注目的轻快、纤细的几何学性格消失了,变成了夸张的、显示厚重雕塑感的存在。这些也印证了柯布西耶风格的变化。但是,构思建筑形态的决定性手法不应该是100%的完全改变。相反,在乍一看有变化的背后,一定会有虽不引人注意但却延续下来的东西。不用说这就是起"促使发生变化作用"的那种东西,"主角就是长方体",这一点已经有所共识,但很难想像它的深远意义。以这个主角来塑造性格,就形成建筑整体的表情,但如果作为塑造作品效果的配角没有变化,那么支撑个性表现世界的那些特征的延续也是引人注目的。

在绘画的真伪鉴定中,注意背景等一些稍显随便的描绘部分是一种有效的方法。主体产生后,形成整体调子的特征部分等过去容易忽略的地方往往可以读出作品重要的个性,成为判断作品的一个线索。同样,在柯布西耶作品的配角中我们也可以意外地窥见出重要的个性来。在构思具体的形态,直至最终起决定作用的想像力中,特别是在和配角有密切关系的部分里,存有难以变化的独立部分。我们可以这样来想像,它们一直被积蓄着,一方面带来成熟,一方面带来创作的自在感。

（2）作为起点的雪铁龙住宅——"长方体＋最少的配角"

在雪铁龙住宅（1920）之前也有箱型作品，由混凝土建造的特鲁瓦住宅方案（1919）就是一个。首先在一端开挖，形成像是扎根于大地一样的"厂型"剖面是值得我们注意的萌芽点（P53）。但是，除此之外应该说它就是一个不加装饰、简单的箱型，它缺乏个性的特征，横向稍微长一些的矩形窗户并排而设，有一些留有檐口，一看就很简单但还残存着对过去建筑的记忆。如果与此相比，那么第二年出现的雪铁龙住宅（1920），一下子就实现了崭新的个性形象的飞跃，它更接近于纯粹的单一箱型，具有大面积的玻璃窗，奠定了后来的革新性方向。特别是在特鲁瓦住宅中没有的"币型"和"↘型"这些附加物，创造了清新的、有生气的表情。"币型"在屋顶上承载着透空的长方体，"↘型"使目光沿着对角线移动，两者的效果在纯粹的简单箱体上雄辩地宣告了新的表现世界的开始。

雪铁龙住宅的"配角"在与之相类似的托尼·戛涅的《工业城市》（1904年发表，1917年出版）一书上也可以看到。工业城市中还存有传统意匠和古典感觉，单纯化且没有形成极端几何学图形的例子很多。因为苦于它的无表情而要作一些补充，所以就想运用凹凸、某种类型的附加物等等，以使外观看上去有引人注目的特征。在这些东西中，与"币型"和"↘型"相似的是"在外墙上并置楼梯形状的板"，从中可以看到和雪铁龙住宅的配角很相似的东西。在以长方体作为建筑形态个性化的各种各样的方法中，33岁的柯布西耶只选择了两种附加物，它们反映了他创作判断的最低标准是些

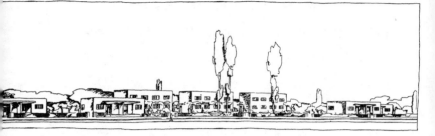

特鲁瓦住宅（1919）（上）**和雪铁龙住宅**
（1920）（右）　两个作品相差一年，前者是
缺乏特征的简单箱型，后者则具有被称为是
个性造型起点的形态。此时，墙还相当厚，
还很难说实现了五原则，独立支柱的萌芽也
没有出现，但是"丌型"和"◣型"给予白
色箱型以生气，唤起了新时代的创作热情。

托尼·戛涅的《工业城市》（1904年发表，1917
年出版）（上、左）　可以看到和"丌型"、"◣
型"相似的要素，给予我们去掉传统附加物的简
单箱型印象。柯布西耶集合了强调更纯粹的长
方体和两个配角所带来的效果。

作为起点的雪铁龙住宅　比较简单的具有工厂一样大玻璃窗的长方体建筑，由两个精心
选择的配角焕发出新的形态世界的清新魅力，宣告了贯穿柯布西耶职业生涯中对个性追
求的开始。

什么,这一点的确有研究的必要。

柯布西耶的20世纪20年代是探索如何创造白色箱型这一新形态魅力的可能性时期,同时也是延续到晚年为止的独立创作时期的开始,伴随着作品开始正式实施,也可以说是其创作生涯轨迹的开始。否定传统的东西,尝试产生新的表现世界,将建筑形态从根本上加以重新思考,那么其成果就超越了白色箱型这一狭义的范围,应该也包含与创作紧密相关的最基本问题。假如到萨伏伊别墅就终止了,那就只是与主角有密切关系了。也可以得出这样的假想,那就是靠以前的探索为基础来发展个性是在这个时期得到的,与白色箱型相关,最初探索的问题也成为柯布西耶创作生涯中问题展开的开始。雪铁龙住宅更纯粹、更通透的与长方体相近的建筑本体,预言了萨伏伊别墅的革新,其附加物则预言了直到30多年后还在延续的创作手法问题。

在前川国男设计的东京文化会馆(1961)上,巨大的反卷起来的檐部非常引人注目。在他的其他作品上也看到过同样的造型,这是受到了朗香教堂和昌迪加尔议会大厦的影响的结果,我们可以感受到20世纪50年代柯布西耶雕塑感的造型在当时的日本是如何的有魅力。昌迪加尔省长官邸(1953)的屋顶也有类似的反卷檐板,这个时期,特别是柯布西耶在印度的作品上,更加突出了厚重夸张的造型,使我们看到了以其独特性为主张,最大限度地强调变形的特别印象。

国立西洋美术馆(1959)是我们第一个列举的具有外部楼梯的

"凵型"的例子（P37）。屋顶上可以感受到"⊓型"，也可以说是雪铁龙住宅以来具有两个类型配角的建筑。特别是这里的"⊓型"的确反映了这个时期反曲线的造型特点，让我们想起了前面提到的省长官邸。但是，假如看过剖面图你就会明白它和省长官邸的不同。作为采光装置的屋面，为了争取光线而向上反曲，在设计过程中，首先是喜爱的"⊓型"从笔端出现，将它赋予采光装置的作用而进行重叠变形，然后加以表现。这个反曲的屋顶面板告诉我们，"⊓型"不是简单的在附加物上的结束，而是对应于内部的具体要求，也可以说是反映了空间想像力的存在。

奥赞凡特住宅（1924）的屋顶上，有着像厂房一样的锯齿形天窗。艺术家住宅（1922）的拱形屋顶上也有反曲面的天窗，能够感到它们都是在向上争取光线，同时带来了内部的存在感，部分的特征唤起了围合空间在内的整体意境。

这些住宅的基本点在于白色箱型上包含有"凵型"重叠的形态（P36、P37）。在这些建筑中，不是简单的"垂直高起"的"⊓型"，而是加上了暗示"竖直向上伸展空间"的天窗。配角和天窗乍一看有所不同，但在主角上部重复"竖向高起的效果"这一点上是相似的。具有重要意义的那种氛围，出乎意料地作为手法延续着，表现着配角及其变化。以几何学构成作为目标的柯布西耶的20世纪20年代，即便是失去这些几何学的东西，也仍然可以看出在屋顶上叠加"上升、出挑、扩张"这种"由内部而来的要求"的意图，附加物的配角以及部分的夸张变形似乎是反映主角之外更深层次的一种手段。

前川国男的东京文化会馆 (1961)（左）**及其檐部内侧**（中）·**前川国男的纪伊国屋书店大楼** (1962)（右）
以夸张的反卷形式形成板状的出挑檐口，假如从背面看，只不过是简单的折曲板而已。在当时的日本，柯布西耶后期的造型是如何的具有魅力，由此可见一斑。

昌迪加尔省长官邸 (1953)　后期的雕塑造型更强调结合印度的风土人情，和20世纪20年代整体的几何学性格与步调相一致的"Π型"也像大的裙裳一样反卷着，确立了由局部带来的个性主张。

国立西洋美术馆 (1959)（上、右）　正面有楼梯，屋顶上有四个"Π型"，具备了两个类型的配角。但是，"Π型"依据内部展示空间的采光需要而作成反卷形式，附加物配角反映了由内部空间的要求带来的建筑表情的变化。

奥赞凡特住宅 (1924)（左）　屋顶上的锯齿形采光窗和艺术家住宅 (1922) 天花的反卷，都是工作室空间需要顶部采光带来的竖向发展，是内部空间要求的反映。

反卷的"Π型"　从雪铁龙住宅开始的"Π型"，附加在20世纪20年代的许多白色箱型住宅上，而在20世纪50年代则强调反卷的形式。

(3) "向街道出挑"与"建筑底部的起伏"——另一个配角

奥赞凡特住宅（1924）的天窗，不仅是在竖向上高起，同时也向外出挑，在这一点上与拉杜瑞特修道院的教堂（1960）相似。两者之间相隔了30多年，其功能、规模、周边状况全都不一样。在同为长方体这一基本点上，前者轻盈、通透，后者粗野、厚重，表明了这一时期的变化。但是，屋顶上部都具有三角形的突出物，和奥赞凡特住宅的采光窗不同，在教堂的钟楼上看不到有内部空间反映出来的东西，只有屋顶上部向街道一侧出挑的表情是相同的。还有，两者在底层采取曲面墙这一点上也是相似的，在教堂中是围合成一个半地下的礼拜堂，而在住宅中则围合成一个外部楼梯，但都在显示从大地升起的连续起伏的界面。超越功能，形态可以说成为了一种共同的附加物，我们可以感知到"追求屋顶和基座的效果"这一相同意图的背景。这种意图如果是反映内部空间性格的话，那也就是外部的附加物，这样说并不太严密，应该说这也是形态承袭的一种延续。

救世军总部（1933）和拉杜瑞特修道院的教堂相类似，表现出壁垒森严般的板状形态。将难民容留在那薄薄的玻璃箱型的主体之中，最上层是管理者们的居室，呈现出一种在屋顶部位向街道出挑的形状。低层部分是三种几何学立体组合的形态，在这个范围内也接近于有起伏的连续面。因为面对宽阔的街道，配角的使用也很广泛，可以感觉到所形成的基本建筑表情及主角性格所创造的效果和前述两件作品具有共同性。

在透明图形的叠加素描（1924、P29）中，我们可以感觉到柯布西耶所追求的艺术世界以及直到萨伏伊别墅所展现的崭新空间形象。不久之前还是一种简朴的素描，是将日常事物如实地描绘出来，但六年后，就能够读出其作为前卫画家的思想主张和其他的重要性了。"壁炉"（1918）一画中，中央的石膏体旁边有并放在一起的书籍。柯布西耶以所谓的"白色长方体"作为主角，在尝试着应当如何构成艺术的世界。这种处理与稍微显得有些过时的"低伏的配角"并置，使人想起了他在故乡已经完成的施沃普住宅（1916、P143）。和两年前在实际作品中尝试运用过的"高低两个类型要素的并置"一样的构成感觉如今更加纯洁地再现在绘画中。

这之后，在以乐器和瓶子为主角的绘画上，书籍被置于画面的深处。在"静物"（1919）这幅画上打开的书籍以奇妙的轮廓显著地置于画面的前方；在"莱昂斯·罗森贝格的静物"（1922）一画中则更加单纯化，几乎都看不到书籍了。相同的轮廓，相同的位置安排，在板状画面的特定位置上委以同样的作用。在这幅作品上，写意的意图减弱了，以完美空间形象为根本的绘画被再构成。和前面的"壁炉"相比，指向目标完全不同了，只有"作为配角的书籍"是相同的。

杰弗里·贝卡认为，救世军总部和这幅静物画很相似，首先是直立的板状主体使人想到了绘画的画面，在其上，特别是"复合的要素集合了一连串的体量，与玻璃幕墙相对照"这个效果特别引人注目。在板或者画面底部的前方位置上，弯曲的要素所形成的特征也是相同的。绘画下部的一个配角要素的效果，与板状的建筑形态相似。

奥赞凡特住宅（1924）（左）**和拉杜瑞特修道院**（1960）（右）　两者都有屋顶上部向街道一侧向挑出的三角形附加物，底部贴附有起伏的曲面，前者包围着螺旋楼梯，后者则是挑出的采光筒。

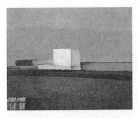

"壁炉"（1918）　对应中央的主角，并置的配角就是"低伏的书籍"，类似于两年前的施沃普住宅，将柯布西耶在故乡完成的构成更纯洁地再现在绘画上。

"静物"（1919）（左）**和"莱昂斯·罗森贝格的静物"**（1922）（右）　在前年的"壁炉"一画中闭合的书籍打开了，创造了画面下半部分的特征，其书籍的外边缘轮廓化为图形而存在，成为相同场所中抽象的题材，这与如画板一样的板状的救世军总部底部的复合形态相类似，绘画中的书籍变化也是建筑要素的进化。

"碗"（1919）（左）　主角是立方体上部向空中扩张的碗，和萨伏伊别墅（1931）（右）的屋顶端部好像要向外扩张的曲面挡风墙相类似。

配角以前的视觉效果的延续　可以说是"冖型"和"⬈型"的变形，具有"屋顶上部的出挑"、"底部起伏"效果的附加物，超越功能、规模、时期和主角性格被反复运用。

救世军总部（1933）**及其屋顶的房间**　板状的主体像伸出双臂、叉开双腿的人一样站立着，在这一点上与拉杜瑞特修道院接近；屋顶有出挑的房间，底部配角的连绵起伏这一点也很相似，与板状的主角紧密相关的独特构成使人也联想起了柯布西耶的绘画。

拉杜瑞特修道院教堂底部起伏的曲面,如果追溯根源的话是绘画中"打开的书籍的曲面轮廓",是白色立方体底部闭合的书籍,直至施沃普住宅的低层部分。在故乡建筑作品上确认的"低伏的配角"的效果,首先借助于传统写实绘画中的书籍得以体现,然后在前卫风格的绘画画面底部书籍被打开成为独特题材,产生出起伏感的新的配角生命力。这种新的配角生命力重新回到现实的建筑形态上,风格的改变一直延续到柯布西耶的晚年。我们可以追踪到柯布西耶是如何以书籍的描绘作媒介,展开他与飞速成长的配角有密切关系的想像力的。

萨伏伊别墅屋顶上舞动着的弯曲墙面也是很奇妙的。说是有挡风之用,但是在初期的方案中它是一面围合夫人卧室的墙(P37),夫人卧室移到下一层后,这段墙仍留在了那里。除了功能之外,形态也是必要的,这一点我们都明白。这就使我们想起了"碗"这幅画(1919),一幅在立方体上承托着的向空中呈扩展形态的碗的绘画。经过萨伏伊别墅直到柯布西耶晚年创作一直延续的"在主角上出挑配角"的做法,看来首先在绘画上就追求过。为了使石膏的立方体成为作品的主角,这种配角是必要的。保持这个感觉,也就产生出了普拉内克斯住宅(P77)和奥赞凡特住宅的天窗、救世军总部的屋顶小房间、萨伏伊别墅的挡风墙、拉杜瑞特修道院的钟楼等等。在屋顶想要追求的是"这种形式"以前的"这种效果",随之而来的是各种各样的应用。支撑创作延续的是比以前注重形式更加自由的手法,这里也有两个类型的配角,如果追溯起来会挖掘出更深的背景。

2. 创作早期与晚年的直接链接——"伞"和"坡道"

(1)"巨大的斜坡道"与"大地的起伏"——巴西学生会馆和夏洛屠宰厂

正如S·莫斯指出的那样,柯布西耶从初期到晚年所钟爱的创作要素中有曲面墙和斜坡道,在现在发行的全集中,最初的斜坡道出现在拉罗什·江耐瑞住宅的初期方案中。当时的坡道主要都是用在军事设施上,在住宅上使用是很少的,这种混用的状况在住宅上就产生了戏剧性效果。柯布西耶晚年的设计中坡道更加大型化了,起着密切周边更大范围关系的作用。达到这一目标的是卡彭特视觉艺术中心(1964),很大很长的斜坡道向街道一样横跨用地;巨大的斜坡道弯曲着贯穿建筑主体的斯特拉斯堡会议中心(1964)方案格外引人注目,它们都是因为斜坡道被作为主角而受到强调。我认为这些大约经过了40年演变的成长过程是从室内的小坡道开始的,它创造了丰富的作品特征,提高了它的重要性,直到实现为大型化,具有了城市的功能。

因为斜坡道比楼梯上升的要缓慢,所以外部空间中也就有了巨大的"地面的隆起"这种地面表情的调整可能,开始主张犹如扎根于大地般的那种存在感、运动感和空间感的效果。巴西学生会馆(1959)的低层部分,自由的曲面沿着大地起伏,与架在独立支柱上的主体形成对比,那个低层部分的屋面宛如地面翻卷一样缓缓地上升,这种效果也与斜坡道很相似。与其配合的空中长方体从地面上升也接近于"凸型",主角的底部也可以说是"凵型"。对柯布西耶来说,重要的大概是希望在接近地面的部分上有"扎根于大地的

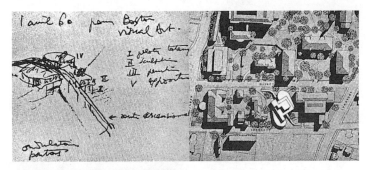

卡彭特视觉艺术中心 (1964) 及草图 从建筑用地中挤出来的大而长的斜坡道，也开始承担起城市的功能，在草图上有更夸张的描绘，甚至都威胁到了建筑本体。

斯特拉斯堡会议中心 (1964)（右） 长度长，宽度大的斜坡道的起伏强调了"运动表现"这一本来的性格，几乎像主角一样体现着进化的成果。

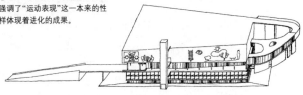

巴西学生会馆 (1959) 低层部分与空中主体对比，同大地一起起伏。屋面宛如地面反卷一样缓缓上升，给人以如同坡道一般的视觉效果。

"斜坡道" 和 **"大地的起伏"** 晚年出现的巨大的斜坡道，其结果好像是从20世纪20年代的住宅内慢慢成长起来的，但实际上初期就有过类似的构想。

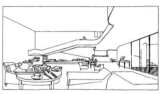

拉罗什·江耐瑞住宅（1924）**的画廊部分**（上）**和初期方案**（左）　在现在发行的全集中，这是最早出现的斜坡道。初期方案中它是在宽阔的起居室中厅里优雅地缓缓上升，但最终还是在狭小的画廊内实现了小的坡道。因为坡度大，所以上下时脚尖要承担很大的力，全身需紧张地行走。它使人直接想起柯布西耶故乡的自然环境中到处都有的坡地。

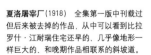

夏洛屠宰厂（1918）　全集第一版中刊载过但后来被去掉的作品，从中可以看到比拉罗什·江耐瑞住宅还早的、几乎像地形一样巨大的、和晚期作品相联系的斜坡道。

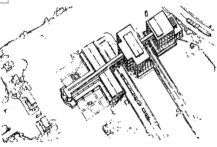

特定表情"效果。连效果也相似的话，那就借助于楼梯、斜坡道、还有低层部分的屋面所展现的意图。由拉罗什·江耐瑞住宅内部的小坡道演变到外部的巨大坡道，不拘泥于上、下这种交通功能，由地面上升的感觉在更为宽广自由的想像力中得到了扩展。

现在发行的全集第一卷和初版时相比少了数十页，夏洛屠宰厂（1918）也是被删掉的一个，其构想基本接近于卡彭特视觉艺术中心。直达最上层屠宰车间的家畜运送通道几乎就是像自然地形一样形成缓而长的大斜坡面，一直贯穿主体建筑。比拉罗什·江耐瑞住宅还早地构想了斜坡道，而且就像是巨大的隆起的"倾斜地面"一样，宛如进化的结果，和晚年创作的大斜坡道是那么的相似，也算是白色箱型之前最早的构思了。这也是柯布西耶从20世纪20年代到晚年一直延续的一个特征，实际上在更早的时期就已经萌芽了。与此同时，在这个屠宰厂设计中也能发现连结柯布西耶设计的是具体的形态特征以及作为支撑它的一种形态感觉。

这个在巴黎定居的那一年构思出来的大斜坡道，使人们联想起柯布西耶故乡所拥有的丰富坡地。"父亲和我经常登上山顶"，"我的老师说过'只有自然能给人以灵感，只有自然是真实的'"（《今日的装饰艺术》前川国男译，鹿岛出版社）。在拥有尊敬的老师的故乡，自然伴随坡地而存在。柯布西耶留下了许多描写植物的草图，这个时期对自然的观察大概就形成了他对形态的想像力，即所谓"大地"的部分，它应该和坡地的感觉是不可分的。满目的喜好和站在倾斜地面上从脚尖传遍全身的感觉一起被刻印在记忆的底片上，反过来，向坡地上方行走时所特有的紧张使深埋的形态记忆层面被激活，也形成了成果丰厚的身体感觉。

　　最早在实例里加以思考的是拉罗什·江耐瑞住宅初期方案里的坡道，它在中厅空间中曲折优雅地上升，在实施方案中演变成狭窄画廊内的短坡道。将近是萨伏伊别墅坡道二倍的坡度使脚尖承担了很大的负担，即便有多么不合适，但毕竟是实现了坡道这个概念。这个住宅在"追求建筑的散步"上试图说明"沿着道路前行的话，会有各种各样的变化被发现"这一理念。给予丰富体验的建筑中包含着坡道，对于柯布西耶来说应该是特别的。的确，沿着画廊的曲面墙壁，在很陡的坡道上上下这种体验会留下难以忘记的印象。该房主人和柯布西耶是在巴黎的瑞士人圈子里相识的，扎根于相同故乡的身体感觉，能够扩展设计过程的想像力，这样，透过拉罗什·江耐瑞住宅的小坡道，我们看到了柯布西耶故乡的坡地。从全集中被删掉的夏洛屠宰厂似乎就连结在它们之间。

　　朗香教堂并不是突然出现的，不是为了从一切制约中挣脱出来的那种奔放和飞跃的结果，它隐约还具有反映柯布西耶想像力的持续层面的构成感觉(P66)。根深蒂固地承袭到他的晚年的确有了扩大的可能性，得到了更大幅度的自由，应该说是经过执著的追求和人生积淀达到的个性世界的自在程度。威胁主角的那些巨大坡道，的确和晚年的夸张表现倾向有关系。但是，也可以说是故乡深刻的身体体验经过半个多世纪想像力的延续，使成果多多的坡道感觉成为这种创作自由度的必然产物。

（2）重合两种类型的感觉——"垂直上升"与"缓慢上升"

在昌迪加尔最先实现的高等法院（1953）中，战后雕塑般的造型感觉夸张地表现出印度北方的地方风土，特别是在正面，深度达1.4m的遮阳篷几乎全面覆盖了建筑立面，形成了阴影浓重、封闭的表情基调。但是，中央左侧部分是一个很大的开口，背后显露出以原色粉饰的三根壁柱和更深处的坡道。在整体厚重的表情中，只有在这里视线可以延伸，产生出有生气的视觉戏剧效果。建筑本身基本的"剧情"就是支撑巨大伞状屋顶的近30m高的挺拔壁柱和从大地上缓缓上升的扶手墙的重合。实际上，在这个时期柯布西耶的作品里，以同样的"对比的重合"创造特征的效果还很多。卡彭特视觉艺术中心（1964）的巨大坡道也是在细细的圆柱间上升，这一点是相似的。国立西洋美术馆（1959）的19世纪大厅，从上面洒落下来的光线给人留下印象，但基本上还是细小的、延伸到天花的两根挺拔的圆柱与缓缓上升的坡道形成的对比，它们在这里构成了视觉效果的骨架，创造了空间的性格。昌迪加尔议会大厦（1964）的内部也是细柱林立，从地面一直贯通到天花板，支撑着挺拔向上的天棚。细柱在那里和很宽的扶手水平带相对比，创造出空间印象的基本性格。

柯布西耶所创造的内部空间，从初期到晚年，屡屡是通过"从外围侵入的东西"塑造个性化的（P7），但是，同时也还能重复地看到前面所说的那种对比的重合效果。在智利设计的艾拉楚瑞兹住宅（1930）虽然主要的墙面和地面都是石头砌筑的，但屋顶和支撑它的部分是木造的，因当地没有成熟的技术，所以以树干做柱并和其他材料并用来创造出室内的基本性格。这个住宅的剖面被安东尼·雷蒙真实地继承了（1933年在日本东京附近得以实现，译者注）。剖面的特征是支撑向上伸展至屋面的七根细柱和从石砌地面缓缓上升的石材坡道的重合。与20世纪50年代以后创造的内部空间特征作类比的话，其对比效果可以在萨伏伊别墅施工期间内的住宅方案中看出来。的确，柯布西耶从早期开始就钟爱坡道，还有，他所做的构造方法的革新，是使柱子从墙壁中自由出来，使其可以在室内排列。所以，创造战后作品内部性格的思想特征以五原则为基础成熟起来也就是理所当然的了。同时，这样的由对比组合来创造效果也是在20世纪20年代被确认的方法之一。

夏洛屠宰厂的主体，从外观上看是细柱轻盈的重复，可以说是比主张五原则要早得多的作品。柯布西耶很重视最外侧柱子的并列，其韵律决定了建筑的表情，贯穿在全楼层的细部形态，以新的构造技术描绘出柱子的"垂直的上升感"。箱型体量被坡道穿越，坡道唤起人和车辆从大地上稳步上升的感觉。屠宰厂的立面整体上可以说是构筑体急速的"垂直上升感"和利用人的"缓缓的上升感"这两种效果的组合。传统建筑具有的存在感是建筑与建筑下面的大地紧密结合在一起的那种不自由感，在这里则像是从中摆脱出来一样，使新的自由感和实际感受的具体表现重合在一起。

波尔多屠宰厂（1917）也在全集第一卷初版中刊载过但后来被删除掉了。山墙采用的是和夏洛屠宰厂相同的对比形式，即"在上

昌迪加尔高等法院 (1953)　后期出现很多的、雕塑感很重且封闭的立面，但中央左侧部分有大大的开口，其后面是上升的坡道。它是"巨大的伞"和"高高举起的屋顶"的对比，乍一看很抑郁的外观重合了两个类型的上升感与运动感，产生出独有的生气。

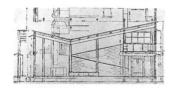

艾拉楚瑞兹住宅 (1930)（上）和**安东尼·雷蒙的"轻井泽的夏之家"** (1933)（下）　两个剖面中的屋顶和以相同倾斜度上升的坡道等是何其相似。柯布西耶的剖面，是在垂直线条的间隔和较宽的长长扶手面之间的对比，预示了20世纪50年代空间的基本性格，扶手墙因为和地面采用了相同的石材，从扎根的大地向上升起的个性也非常清晰。

国立西洋美术馆 (1959)　**19世纪大厅**（上）、**昌迪加尔议会大厦** (1964) 内部（中）和**卡彭特视觉艺术中心** (1964) 内部（下）　在这些几乎是同时期的建筑内部，具有较宽扶手墙的坡道和通道在"挺拔的细柱林立"之间通过。两种类型的运动感的对比，产生出决定空间个性的支配效果。

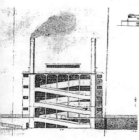

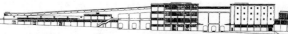

夏洛屠宰厂 (1918) 立面（上）　五原则之前的作品，柱列树立在建筑外围并不后退，为此，建筑外观整体上使人感到"穿越林立的柱林而上升的斜坡"这种效果。

波尔多屠宰厂 (1917) 山墙〔左〕　立面的矩形轮廓内，是"在细柱群之间延伸上升的坡道"这种对比的汇集，预示了昌迪加尔议会大厦内部等的空间形态。可以研读出后来被从全集中删除掉的这两个屠宰厂的外观是"ＴＴ型"和"〵型"的组合。

重叠的上升　虽然变化丰富，但在 1920 年以前就直接预示了柯布西耶晚年的例子还是有的，这就是由"ＴＴ型"和"〵型"产生的"两个类型的上升感觉的对比"。

升的细柱群中延伸的坡道",而且使人领略它集约化的立面形式。贯穿全楼的细柱和折曲上升的坡道,是一个在矩形框架中加以重叠的形象。它使我们直接联想到约半个世纪后创作的昌迪加尔议会大厦内部,前者是立面,后者是内部,功能完全不同。但是,在各种范围内通过各个方面来表述的视觉传达却是共同的,作为基本的构成对比,组合的美感是一致的。的确,1920年以前,在柯布西耶去巴黎这段时期的作品内,缺少对后来白色箱型作品的直接预言,但是各种我们能够看到的初期探索并不是不需要了,只不过是些简单的、不成熟的尝试而已。在更深的层次上说,那似乎是柯布西耶初期和晚年得以直接链接的重要证明。

两个屠宰厂的基本点可以说是"⊓型和◣型的重合",因此,柯布西耶从1920年的雪铁龙住宅到晚年延续的"配角组合"可以追溯到白色箱型之前。在全集中被刊载了一次后又被去掉的作品中也有柯布西耶设计的创作起源。超越狭义的配角概念,可以窥见到它的背景。这样,在昌迪加尔议会大厦内部,"⊓型"和"◣型"形成了它们所创造的有特征的虚空部分,只用延续下来的配角效果创造了性格空间,曾经作为主角的白色长方体消失了,配角们以什么也没有的虚空部分创造了性格。也可以说在议会大厦内部,配角的风格达到了一个顶点,而其起源就来自于波尔多屠宰厂的山墙。五原则之前柱子的内外问题、立面问题、内部性格问题等,作为更纯粹的形式被沿袭,其特征性对比的感觉经过长时间的反复运用,首先被确认下来。

(3)"⋈型屋顶+⟍型坡道"的延续——保证个性世界的最小框架

　　萨伏伊别墅(1931)之后，柯布西耶开始从白色箱型抽身而退，去尝试其他各种形式，由此诞生出20世纪50年代以后具有丰富个性的造型世界。20世纪20年代的主角，在墙壁的"围合"上，在屋顶的"覆盖"上，是没有什么差别的，有着上下左右近似于"均匀包围"的特征。20世纪30年代，只强调屋顶的存在感，"围合弱，覆盖强"的作品开始登场，列吉展览会法国馆(1939)是其最初的例子，"空中有个性的屋顶"和"从大地上升的坡道"是其引人注目的特征。重复同样的组合，经过近30年的特征与风格的创造，柯布西耶去世后在以他名字命名的柯布西耶中心(1966年)上得到了实现。从这里也可以看到一个重要的、延续的"原型元素"。

　　法国馆是作为展览会的临时性展馆而设计的，由四个单元组成的屋顶漂浮在空中，缓缓的斜坡通道匍匐在大地上。低矮的展示墙几乎成了建筑形态的一个例外，"围合的效果"消失了，只有上空和底部两个要素引人注目，因此也可以说这是一个极端的做法。大概是因为这是个短期的临时性建筑，所以需要让目光所及之处充分明快起来吧。

　　巴黎玛依劳城门展览馆(1950)也类似，屋顶比法国馆更加独立，看上去接近于由钢铁组合而成的雀巢展览馆(1928)。但是，在这里首次出现了反转形的并置，形成了柯布西耶晚年时被反复使用的个性的"⋈型"；对于来自日本的国立西洋美术馆的设计委托，柯布西耶最初的设计也包括了周边的文化中心(1956)，除了核心的美术馆之外，还配有箱型的剧场和"⋈型"屋顶的展览馆。像后来的昌迪加尔行政区一样，在建筑群的对比组合中，虽然规模比较小，但和其他两栋建筑相比有着不同的个性；在阿伦伯格展览馆（1962）的模型照片上，"⋈型"的屋顶在空中弯曲着身体，似乎是要跳出来；艾伦巴赫国际中心（1963）也与此类似。以上四个例子中，和最初的法国馆不同，它们同时考虑了墙壁围合的展示部分。但是，停留于缺乏特征的箱型，屋顶和坡道就决定了它的整体印象。最初实现这种风格的是最后完成的柯布西耶中心（1966），展示部分是色彩华丽但很单纯的玻璃盒子，上面覆盖着一个大大的"⋈型"屋顶，它和向参观者突出的坡道一起决定了建筑整体的个性化。

柯布西耶的作品群里，可以看见各种各样的原型形态。在矩形断面的中间插入二层的"雪铁龙型"形态以居住空间为多；被叫做"艾玛修道院型"的局部外向围合的平面型，主要用于复合形的使用，它们都是在一定程度上强调功能的原型。对于柯布西耶提出的展示建筑的原型，从20世纪20年代末开始重复的"无限生长型"中就可以了解到，这是以观赏者的流动方向直接反映出的平面的形式，是更狭义的展示功能的原型。至此，我们可以看到，"⋈型屋顶＋〵型坡道"与展示设施对应，但只是个性的覆盖和坡道、通道的组合，并不仅对应于展示用途。可以说只是集中了功能解决和其他与构成作品纯粹形态有关系的部分内容。

在"⋈型屋顶＋〵型坡道"中，属于空中的个性和源于大地

雀巢展览馆（1928） 由钢铁组合而成的屋顶预言了后来的"∧型"，这一时期的创作萌芽意外地成为了后期个性造型的鼻祖。

列吉展览会法国馆（1939） 围合效果几乎消失，低匐的坡道和空中的水平覆盖，"从上下来框定建筑"，以保证最低限的个性化世界，是这种原型构成方式的萌芽。

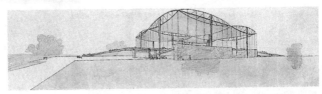

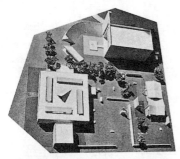

玛依劳城门展览馆（1950） 连结反转型形成独特的"∧型"屋顶，在这里分外清楚地显现出来，一直延续到柯布西耶去世后的作品上。

上野展览馆（1956）（右） **和国立西洋美术馆**（1959）（左） 同为规划中的建筑，只有被夸张的配角适用于这个现成的原型。

"∧型屋顶 + ╲型坡道"系列 萌生某些特征，作为能延续的原型被确认、被反复运用直到实现，这是一个漫长的过程。不只是展示建筑的功能原型所特有，没有主角，"∧型"和"╲型"构成建筑的最小框架，是保证独立作品世界的"配角组合的原型"。

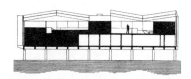

阿伦伯格馆（1962）　在发表的模型照片上，"╳型"屋顶唤起了在空中出挑的运动感，也感觉到和"╲型"的类似。

艾伦巴赫国际中心（1963）　墙壁围合的主体部分个性很弱，基本上是由"╳型"和"╲型"组合控制的。

柯布西耶中心（1966）　反复执著利用的"╳型＋╲型"，终于在柯布西耶去世后实现了。

雪铁龙住宅（1920）剖面（左）　在故乡的住宅作品上也能看到的"中厅构成核心"，到这时被确认为"中间插入二层的矩形断面"，主要用于居住空间，成为最重要的延续原型。

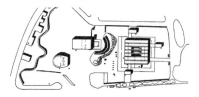

门塔内乌姆规划（1929）（左）·**无限成长的美术馆**（1939）（中）·**阿美塔巴特美术馆**（1956）（右）　当初与巨大的挺拔向上的纪念性重合产生出的涡卷型（左）萌芽，发展成为一般的展览设施（中），到战后得以实现（右）。20世纪20年代的萌芽构思，纯粹化的原型得到确认，最后演变成现实作品的过程，也与"╳型＋╲型"相类似，是延续个性展开的例子。

多样的"延续的型"　原型的想像力成为各种各样剖面和平面承袭的根据。

的个性具有限定主体空间的效果，可以看出它和作为配角的"П型"与"◣型"一起塑造整体性格的方式。"附加给配角的感觉"与"将建筑形态作个性化处理的感觉"相重合，而且，"◠型屋顶＋◣型坡道"在立面上得以表现，在以特定的功能和长方体的基本表情来创造性格这一点上，都和"凵型"与"П型"这种轮廓原型是相似的。它们在创造具体形态特征的同时长时间的延续着，支撑着柯布西耶的某些构思。

建筑形态不会突然产生出来，以前所惯用的任何手法都能形成具体的形态。所谓个性的根源，可以说就存在于每个建筑师惯用的部分手法之中。柯布西耶在故乡以"矩形和圆弧的对比"这一不太熟悉的感觉作为创作手法构思了具体的建筑表现（P41）；20世纪20年代，他的创作构思变得复杂起来，虽然他确实喜好几何学形式，但是将图形的高度纯粹化作为目标，就实际地感到了它和建筑形态世界的不同，这些也使他具体地意识到了新的创作手法，很多作品具有"简单箱型之外的特征"说的就是这一点。如果将建筑的形态与他的几何学混合在一起，就完全能感觉到简单的长方体和正方形的分歧，具体地说就是"П型"与"凵型"作为配角的必要性，"凹型"大概也算是一个（P36）。可以说柯布西耶从很早就获得了难以变化的"原型感觉"，这些感觉到了20世纪20年代，在强烈的几何学意识下，就形成了硕果累累的创作感觉。因此，个性的轮廓和配角的根源，就是功能之前的东西，理应追溯到白色箱型之前。

3．配角的起源——追溯"T型"和"↘型"

（1）消失的主角——从朗布依埃周末住宅到波瓦瑞住宅

　　1924年的秋季沙龙聚会上，柯布西耶展出了三件1／20比例的石膏模型，三个个性不同的箱型住宅：拉罗什·江耐瑞住宅、贝斯努斯住宅和当时的最新作品——没有实现的朗布依埃周末住宅。对这个周末住宅的解说是"诗意地诉说表现新技术的可能性探索"，它与贝沙克居住区中的古利纳型住宅（1926）相类似，但稍显复杂，主体横向很长，但"T型"和"↘型"这些附加物是相同的。超越简单的箱型建筑的特征就是如柯布西耶所说的"诗意的诉说表现"，它们指的就是由这些附加物带来的效果。

　　"T型"和"↘型"的起源似乎来自于雪铁龙住宅（1920、P96），但是其萌芽可以追溯到白色箱型之前以"海滨的别墅"为主题的波瓦瑞住宅（1916）。这个住宅是一个"基座＋主体"的形式，基座部分包含楼梯，具有从大地抬起身子在空中出挑的剖面形式。后面的墙体落地，能使人联想起前面出挑的那种感觉，它与朗布依埃周末住宅的"↘型"很相似。同时期的唐金住宅的草图里也有类似的外形，这种相同形态的感觉是一种独特紧张感的延续。比起波瓦瑞住宅的基座，朗布依埃周末住宅上大概更容易借助"↘型"形成简单的侧面附加物。同时，也能够理解延续到晚年的"↘型"就是"楼梯一样的基座"。配角的特征是通过什么赋予整体以效果？我想是与延续的形式和状态紧密相关的感觉吧。

波瓦瑞住宅的主体部分没有檐部,它具有纯粹的长方体外形,似乎是预言了后来的白色箱型。但是,在这个箱型的内部,表现出"细细的列柱支撑着屋面板"的形态,因此在波瓦瑞住宅中,基座有着"从大地向上伸展"的表情,主体则表现为"托起楼板的构筑体"这一形态。整体外观上几乎与同时期的屠宰厂(P112)相类似,呈现出"两个类型的上升效果"。与建筑紧密相关的想像力的自由与从充满传统重压的存在感中摆脱出来的紧迫感复合起来,初期没有分类的形态也可以理解为是柯布西耶延续到晚年的"⊓型"和"⊿型"的先驱。后来,主角没有了,而是由配角的个性来直接决定整体的效果。

所谓白色箱型这一创作的主角,首先是将纯粹的几何学做为最基本的性格目标,而作为现实物体的状态等等是很难表现出这一点的,为了要补充它,配角们所要表现的就是与大地保持什么样的关系。波瓦瑞住宅整体上超过其后来革新作品的地方就是汇集了柯布西耶个性表现世界的边缘部分。也可以说,柯布西耶的作品保证要有其特征,就是在等待主角的到来。在构思雪铁龙住宅(1920)的阶段,白色箱型这一主角首先被选定,而与它相称的配角似乎还没有确定。更早一些时候,柯布西耶的作品被认为只有配角在出演着"独立的存在感"。在这样的认识框架中,到20世纪20年代,与时代并进的主角就开始加入到创造个性化作品的世界中来了。

可以看出,雪铁龙住宅的"⊓型"和"⊿型"是受到了加尔

贝沙克居住区的古利纳型住宅(1926)　没有独立支柱，也不是"□型"的长方体，只有"π型"和"↘型"的特征，以配角塑造箱型的个性化。从这一点上看，这是柯布西耶典型的作品。

朗布依埃周末住宅(1924)　与古利纳型住宅的"箱型＋配角"的明快感相比，稍显复杂，但基本上是相似的。在更低匐的姿态中，"↘型"的特征是在大地上向空中出挑。

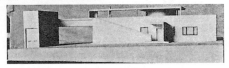

雪铁龙住宅（1920）（左）　没有古利纳型住宅那样纯粹的楼梯，但具有扎根大地的三角形的稳定性，这就意味着"↘型"的起源可以追溯到波瓦瑞住宅。

唐金住宅（1924）（上）　这个草图的侧立面相似于波瓦瑞住宅的基座部分。

波瓦瑞住宅（1916）（右）　主体在长方体形状的轮廓内，表现为"π型"，基座部分和楼梯没有区分开，它告诉我们"↘型"产生时的一些事情。"π型"和"↘型"是这个延续的配角的萌芽，以交叉组合的构成，形成"□型"的整体外型，即使不具有明确的意图，也汇集了多数原型特征的萌芽。

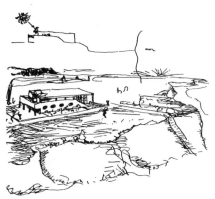

消失的主角　从古利纳型住宅→朗布依埃周末住宅→雪铁龙住宅→波瓦瑞住宅，如果追溯配角起源的话，主角的箱型消失了，只留下了"π型"和"↘型"。

尼埃的影响（P96）。但是两者之间的这种联系从四年前的波瓦瑞住宅上就可以看出。其背景是因为在加尔尼埃的许多初期方案的尝试中，只有两点特别引人注目。姑且说长方体后来被选用为主角是出于一时的信赖，也可以说是有被替换的可能。实际上，放弃白色箱型后，一直延续到晚年的是配角运用的创作。也就是说如果将"〒型"和"〤型"的起源上溯到贝沙克居住区的古利纳型住宅→朗布依埃周末住宅→雪铁龙住宅→波瓦瑞住宅的话，主角在那里完全消失了。持续支配20世纪20年代的主角——白色箱型退场了，只有附加的配角这些可以看得见的东西还存留着。从这里也可以看出柯布西耶创作的延续和变化的状态以及它的起源。

波瓦瑞住宅的整体轮廓是个"🄬型"，在这个前提下，"〒型"和"〤型"的雏形交错表现着。基座和主体的"移动的构成感觉"、"配角"的萌芽，加上"🄬型"轮廓，这里所看到的全都是柯布西耶个性形态世界的雏形。斯坦因住宅（P86）也类似，重复着重要的原型构想。在实际作品不很丰富的创作最初期，柯布西耶即便在摸索中也在充分地反复考虑，只将那些考虑成熟的东西加以复合。几乎是在无意识中，他积累、沿袭了后来凸现重要性的各种形态。从中提取出具有原型可能性的形态，并确认其特征，使其进化，再将它们重叠形成其他的复合。在柯布西耶的创作生涯中无数次都能看到这种独特的开拓方法，它的最初创作积累可以说就始于这个波瓦瑞住宅，因此，也可以把它叫做原点吧。

(2) 长方体内含的"⊓型"——库克住宅与贝泽住宅

可以看出，贝沙克居住区的古利纳型住宅（1926）是不讨人喜欢的、缺乏"诗意表现（P119）"的简单箱型，但柯布西耶却用他喜好的附加物来调节着作品的味道。附加配角使人能够理解整体的表情，这种看法是很平常的。不过，反过来也可以理解，在十年前的屠宰厂和波瓦瑞住宅设计中业已被确认的配角中夹杂着新的主角"箱型"。"⊓型"和"↘型"是保证柯布西耶作品个性、夹杂在各种各样主角中的一组要素。它在20世纪50年代所服务的主角与20世纪20年代的有着完全不同的性格。有交换可能的当然是主角，而配角决定建筑整体第一印象的意识并不强烈。但是，在每一次的主角性格上所看见的效果重叠是柯布西耶一直承袭的东西，也暗示着一个类型的存在感特征。

库克住宅（1926）是在两侧建筑的围夹中来表现的"空中白箱"。柯布西耶将其称为"真实的立方体住宅"，同时也产生了五原则。但是，它并不仅仅是这样来理解的一个简单作品。的确，最引人注目的独立支柱和水平窗可以看作是"五原则的实现"，但正立面最上部那好像漂浮着的水平板就难以说明白了。像是支撑楼板的非常细的四根柱子并不起构造作用，而只是一个垂直的装饰构造，那种不现实的延长使人感到"托起楼板的夸张表情"，停留在简单的"空中白箱"上的理解是不充分的。正立面的上部有一种渴望伸展的表情，在"真实的立方体"上重叠了"⊓型"。理解了这种意图，就可追溯到与波瓦瑞住宅同样的情形了。

贝泽住宅（1929）的初期方案（1928）在所谓"独立支柱上的箱体"这一外形轮廓内，高高托起的一块屋面板是为了在非洲那种环境下创造阴影，最顶部的平屋顶表明的是要起到"像伞一样"的作用。但是，在它的长方体轮廓中也重叠着"冂型"的形态。在一连串白色箱型即将接近终点的1928年，这个方案也唤起了对12年前白色箱型诞生前夜的波瓦瑞住宅的记忆。重要的动机即使确实是出于遮阳的要求，那也是想通过"从初期延续的形态问题"来构想与思考表现问题。

柯布西耶在20世纪20年代，有很多"冂型"的例子，在贝沙克居住区的古利纳型住宅和雪铁龙住宅屋顶的附加物上都可以看到；在库克住宅和贝泽住宅中，它包含在主角的长方体轮廓中。前者好像是"能立刻拆掉"，而后者基本上不同，长方体本身的性格似乎是"从内部发生质变"的，尽管这样，像奥赞凡特住宅的天窗那样，为取得内部采光效果（P99）而伸展的那种空间意图是很弱的。作为主角的白色箱型的上部，即使给予它伸展效果的意图是相同的，也有三种完全不同的表现。20世纪20年代，因为都是白色箱型这个范围内的事情，所以感觉不到太大的不同。但是，如果追踪它们其后的发展，其细微差别，包括反卷的"冂型"和"⋈型"等就可以明白在它们各自的种种变化之间的相互联系。一块屋面板夸大地表现了个性的世界。

柯布西耶从20世纪20年代到萨伏伊别墅创作时为止，是追求绝对长方体建筑的过程，高度地完成几何学立方体的"完美结

库克住宅 (1926) "空中白箱"的顶部，用极细的柱子支起的屋面板形成"〒〒型"，可以上溯到波瓦瑞住宅。对白色箱型之前的追溯能使我们看到白色箱型的丰富。

贝沙克居住区的古利纳型住宅 (1926) 主角是长方体，配角不是后来被附加上的，最初的考虑可以说是在配角中剪裁出主角的形态，不用说有取代可能的当然是主角。

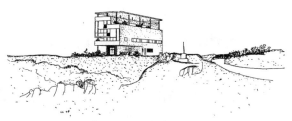

贝泽住宅初期方案 (1928) **剖面** (上) 和**外观** (右) 虽然是"厂型"和"独立支柱上的箱型"重合的形态，但更多的是在非洲的大地上制造覆盖有阴影，像"伞"一样的"〒〒型"形态。剖面上"向上升起的板"的效果很明显，白色箱型之前的波瓦瑞住宅的影子在白色箱型最后的作品上复活了。

秀丹别墅 (1956) 为抵抗印度残酷的气候，在长方体的轮廓内"伞"状屋面板十分醒目。

阿美塔巴特美术馆 (1956) (左) 虽然是没有创造阴影必要的封闭箱型，但却有一块如同伞一样的大屋面板，"〒〒型"担当着超越简单配角的意义，这一点也在20世纪10年代的波瓦瑞住宅上得到确认，其形态感觉通过白色箱型也创造了后期重要的主角特征。

被归入主角的"〒〒型" 不是附加物，在箱型轮廓中表现"〒〒型"的例子也很多。长方体的组成效果也包括从内部产生质变迹象的"〒〒型"。

晶"被作为其创作目标。附加物如果不是很大，不会损害那个目标。但是，因为长方体内含了"冖型"形态，所以抽象的、均等的效果就产生了错位。其微小的变化逐渐成为将柯布西耶作品导向其他方向的重要因素。20世纪30年代之后，主角如同结晶一般从几何学的完成体上开始大量的扩散（P116），"均匀围合的箱体"不复存在了，开始了"箱体分解"的过程。屋顶和墙壁被做成各种各样的夸张形态，箱型变为"部分强而有力的表情组合"。在那段时间里，柯布西耶所喜好的是"遮阳"这一表现地方意识的元素。像伞一样兀立的屋顶和遮阳板强调的是影子，创造了不同的空间。白色箱体上部那种挺拔的感觉是导致这种想像力产生质变的迹象之一。秀丹别墅（1956）中，最上部的遮阳板的伸展带来了阴影；阿美塔巴特美术馆（1956）中，长方体的附加物是外形之中漂浮着的一块板，也是形成箱型轮廓的一个面，由于主体是封闭的箱体，虽没有制造阴影的必要，但也是始终要表现的一种意图。20世纪20年代在白色箱型的范围内能够看到的少量"个性的部分"，在20世纪50年代被夸张地复活了。拒绝均等对待长方体，谋求新的强有力表现个性的具体手法可以追溯到柯布西耶20世纪20年代的作品中，甚至是波瓦瑞住宅的创作中，也就是说从白色箱型之前就开始了。并且，20世纪20年代的白色箱型住宅中的个性化东西决定了柯布西耶放弃白色箱型后的独特发展方向。

(3) 多米诺形态——基本形的构造原理和配角元素

多米诺(1914)是为了给第一次世界大战后的灾区大量提供廉价临时住宅的一个方案,它只提供柱子和楼板,居住者用就近堆积的瓦砾来砌筑墙体。这个方案虽然最终没能实现,但也申请了专利,它的着眼点在于构造的方法。实际上,经过了这么长时间,它的重要性已经提高,超越了当初的创作意图,全面预言了与后来的现代样式相关的现代建筑原理。另一方面,撇开对公开发表的具体形态的描绘,这也是柯布西耶亲手创作并加以认可的一种最基本的形态。到这儿,极端的盘诘大概就是最大限度地追问形态应该依靠什么使其成为无意识的。多米诺的图示并不是对原理的图解,最小的表现物也应该具有研究的意义,这一点应该是与几乎同时期的波瓦瑞住宅和两个屠宰厂的设计相互关连。

梁从地面上下都消失了,形成了一整块的厚板,因此整体上接近于纯粹的"线与面的结合"。柱子从地面的边缘后退,决定了它的构造方法,为"自由立面"等新的表现提供了可能性。不过,在技术层面之外,视觉的效果也很重要。柱子位于内侧,强化了最上层的楼板好像是"从下面升起来的"感觉。即便是同样的"最小的构造表现",在密斯的范斯沃斯住宅(1950)中,是柱子将楼板从两侧支撑连接起来。两个作品在"将梁隐于楼板中"这一点上是共同的,但地面与柱子的构造关系和由此带来的构成感觉却有着很大的不同。

在我们所看到的最小的构筑体——多米诺的图示中，还含有楼梯的表达，因为让住户用瓦砾砌筑楼梯是困难的，所以可以理解这种预先的设计意图。但是它已经超越了简单的"构造方法的图解"，能使人感到承袭最小形态的用意。同样是批量生产的住宅方案，在后来的莫诺斯住宅（1919）等方案中也有单层建筑的构想。我们进一步假设，应该是以急用和廉价为主要目的的多米诺，为什么还要考虑到去二层的高高的楼梯踏步？这里能感受到的就是以战后复兴为目的的简易住宅的表现意图。范斯沃斯住宅的楼梯，作为"水平向的板的重叠"始终是与整体统一的步调相一致的。相反，在多米诺中，楼梯作为斜的板面，产生出异质的个性对比。

多米诺的山墙面，作为纯粹的形态，可以看出"两个类型的表情组合"。"冂型"和"乀型"相重合的形态和波尔多屠宰厂（1917、P112）是完全相同的。"屋顶＋坡道"这个"配角"，被看作是"等待主角到来的个性选择"，多米诺山墙则更是以暴露结构的形式让我们认识。多米诺的插图具有以原理的图解类型来寻求对专利的认可这样的意义。如果从后来的发展来看，多米诺是柯布西耶无意识中，保证他创作独特性的原型——最小基本形的萌芽。

"住宅的四个类型"（1929）中的第三个，是三块板在三列柱子上贯穿的形式。多米诺的构造，可以直接读出其中一种新住宅的形式，这个类型也说明了几年后的"遮阳板的起源"。相同的类型依问题意识的变化而被赋予了不同的意味。多米诺在后面的不同时间段中，有着各自不同的理解，是单纯的原理预言之外的柯布西耶个

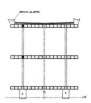

多米诺剖面 柱子向内侧后退的构造方法为自由立面带来可能，但在形态上特别是最上层的屋面板上，的确是使人看到在"从下面升上去的"这种表情上预示了"冖型"的产生。

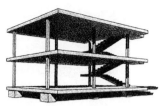

多米诺 (1914) 为实现大量供给，用堆积的瓦砾制造简易的住宅而形成的一个构造方案。因为要建成二层，所以必须要有楼梯，虽然稍有些不自然，但由此带来的最小程度的构筑物已经成为"冖型"和"乀型"组合延续下去的起源。

密斯·凡德罗的范斯沃斯住宅 (1950) 将梁上下夹住，地面处理成一整块板，在这一点上和多米诺是相同的；其屋面板好像是由柱子从两端"夹住"一样来形成支撑，在这一点上它们是有差别的。为此，这里没有向上托举起楼板的效果，楼梯是一块块踏步板水平的重叠，由水平面支配整体的构成感觉让人熟悉。多米诺的楼梯夸张了斜面的上升，与整体的水平板的层叠形成对比的效果。

贝泽住宅 (1929)

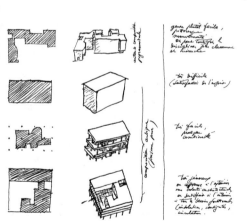

作为遮阳板的起源来重新解读贝泽住宅的图示 (1940年左右)。应该隐藏起来的多米诺技术构造，也有多样性解读的可能，另一方面它也担当着"延续的最小形态组合"这一意义。

贝泽住宅 (1929) 符合"住宅的四个类型"（上）中的第三个。

作为形态的多米诺 以取得专利权为目的的构造方法的方案，在纯粹的形态上可以看成是"冖型"和"乀型"的组合。延续的配角在等待主角的到来，它们的最早萌芽，早在波瓦瑞住宅之前就能够看到。

性形态世界的最小集合。多米诺是和紧急状态下建造的简易住宅不相称的建筑，是"托举起的楼板"和"楼梯"的组合。这种一直延续到昌迪加尔政府大厦（P92）的"↘型"和"⊓型"等配角，是作为形态的"多米诺"的另一种代名词。

柯布西耶从最初期承袭"想像力的核心"那种形态，到20世纪10年代中期，通过构造原理的描述形成了多米诺，进而将其表现在波瓦瑞住宅上。具体地说，多米诺的核心是顺应新时代的技术，在波瓦瑞住宅中，多米诺的构造部分只是纯粹化为"托举起楼板"的效果，多米诺的楼梯部分则成为"从大地升起，在空中出挑"的基座。一个建筑作品的充分表现是有准备的，那里所表现出来的也是重复几何学纯粹度的开始。波瓦瑞住宅中，多米诺形态的意义与主角形成的长方体的方向性相一致，可以认为整体上是"⊏型"的轮廓。在多米诺上，更多的是汇集了原理，但在波瓦瑞住宅上，作为整体的视觉效果被表现出来了，可以说是确认了与"建筑的形态"紧密相关的最小程度的承袭，两者方向不同，但两者是兄弟关系。

多米诺汇集了技术的想法，也汇集了与形态紧密相连的最小程度的承袭。"屋顶＋坡道"这一配角如果上溯至列吉展览会法国馆→两栋屠宰厂→波瓦瑞住宅，最终到达多米诺，其追溯的结果是主角消失了，而配角成为了基本形。整个20世纪10年代，只有它们支配着建筑形象，创造着柯布西耶个性的最小元素语言，暗示着20世纪20年代革新的主角的到来。

小结　支撑"轮廓原型"和"配角原型"的摩天楼型住宅

贝沙克居住区（1926）中有很多住宅具有"┬┬型"和"◥型"两种原型，在两层高的古利纳型住宅上，与雪铁龙住宅（1920）相似的"◥型"贯穿整个楼层（P92）；三层高的摩天楼型住宅因为更高，大概是要考虑抬头看的效果，通过其墙体上部"独立的楼梯"可以看到"在空中出挑"的效果，所以它只在最上层的侧墙贴附着。多栋住宅并排建设，许多空中楼梯重复出现，如同覆盖了整条街道一样。它也使人联想到昌迪加尔高等法院（1953），对应于前面的外部空间，出挑、覆盖这种表情是相似的。柯布西耶虽然提出过许多有关城市的构思方案，但是可以看出，得到一定程度实现的只有昌迪加尔和贝沙克。两个规划相隔了 30 年以上，乍一看形态全然不同，但是主要的创造外部性格的空间感觉的"根"是相同的。

如果只看一栋摩天楼型住宅，在长方体的中央有"┬┬型"向上伸展，上面有"◥型"在空中出挑，这与昌迪加尔议会大厦（1964、P53）是相似的。昌迪加尔议会大厦基本的箱型上，有中央圆筒状的会议大厅向上高高伸展。前面则是巨大的檐口呈现出"覆盖大地的同时在空中出挑"。相隔约 40 年，完全不同的两者，其"配角的位置和表情"却是相似的。对于主体的长方体来说，附加什么，能使人看到什么效果这种意图是共同的。

在第一章中见到的"凵型"，前面是"横向长的箱体"在空中飘浮，后面是"纵向长的箱体"耸立于大地。"在前方出挑"和"向

131

上伸展"形成对比，在这一点上也和摩天楼型住宅类似。与雪铁龙Ⅱ住宅上一种箱型的"整体轮廓表现"相对比，四年后的摩天楼型住宅上，是"通过配角来表现"附加物的，整体轮廓和配角们创造了同样的对比效果。雪铁龙Ⅱ住宅只表达了外形轮廓，摩天楼型住宅是简单的长方体，同时也表达了配角。由轮廓原型和附加配角所赋予的效果和表情，好像也以同样的意图作背景。相同的承袭，使人想到"凸型"和"凹型"、想到"门型"和"㇏型"。

昌迪加尔议会大厦给我们留下印象的两个个性要素，基本上与这些也是相似的。其立面创造特征的是巨大的向上反卷的檐口，宽大的雨棚具有覆盖作用的同时又具有斜向的"在空中出挑"的效果。中央会议大厅部分采用的圆筒型是受到柯布西耶在印度见到的谷仓的影响，"向上伸展"是它的特征。这两个要素是晚年的柯布西耶异样的、夸张的、重雕塑造型效果的绝好例子，从中可以比较容易理解他所形成的个人样式的独特型。但是，其表现效果的基本点仍可以追溯到20世纪20年代。作为雪铁龙Ⅱ住宅和摩天楼型住宅共同具有的对比感觉，与白色箱型的表情个性化的相同之处，就是表现出的通透效果。

20世纪50年代以后的柯布西耶，想像力的确得到发展，他像一个奔放的雕刻家，讴歌着自由的造型。前面的例子虽然不那么有个性，但它们并不是不管什么样的形态都能产生出如此的自在感的。不用说，那是将基本的构造限定在自身有限范围内的自由。表现效果的基本点，如同是指导原则，指引它在想像力的底

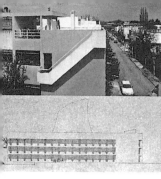

贝沙克居住区摩天楼型住宅 (1926) **的重复**（上）　在空中出挑的楼梯重复出现在街道边，作为整体显示了"覆盖住街道"的效果，预言了很久以后的昌迪加尔高等法院（1953）（左）。

摩天楼型 (1926) 住宅的侧立面（上）　箱型的中央向上伸展，正面在空中出挑，这一表现特点和昌迪加尔议会大厦（初期方案）的侧立面（下）也有些相似。

雪铁龙Ⅱ住宅 (1922)　与摩天楼型住宅中间和端部的两个类型配角显示的同样效果是借助于整体的轮廓，手段虽不同，但表情基本是相似的。与延续的形态效果紧密相关，承袭使人联想起个性的外形轮廓，联想到个性的配角，可以使人了解各种各样延续的共同背景。

柯布西耶中心 (1966)　主角应有的展示部分是通常的箱型，个性的"〽型"屋顶和突出自己主张的"⟍型"成为显著的框架，控制着整体的印象。

马赛公寓 (1952) **的柱子**　托起巨大重量的肌肉般的张力，这种直接的人体感觉的表现为创作后期所特有，但从初期延续下来，借助于20世纪20年代白色箱型的深刻表达，也在创作后期原样的表述着。

在背后支撑"轮廓原型"和"配角原型"的东西　延续的两个类型原型完全不同，但实际上是被共同的想像力特征所支持的。

层延续，决定了那些稍微有些特异的雕塑形态。在长时间的延续和积淀后，在一个有限的范围内达到了可能的最大幅度飞跃。最初期那种不做大的变化的承袭，的确在背后支撑着天才的自由度。具体来说就是，对"向上伸展"和"出挑"这种存在感的基本对比的感觉，支撑着每一个作品丰富的基本特征。20世纪20年代，借助于白色箱型的"匚型"和"匚型"等几何学的外形轮廓，将长方体作为主角；同时，借助于"丌型"和"乀型"的配角，在柯布西耶放弃白色箱型主角之后仍然延续着，一直到完全不同的20世纪50年代。它们的共同之处是重视夸张的表现语言，形成了柯布西耶晚年的基本形式。

在柯布西耶中心（1966）中，比起其主体部分，屋顶和坡道以大的形态统领着建筑形象，昌迪加尔议会大厦也是主体的表情较弱。可以看出，20世纪20年代是主角在调配着作品的味道，支撑着它们的个性。当然配角的起源也很早，它保证了作品强烈的独立性，使其更自由地发展。可以理解朗香教堂所象征的那种柯布西耶晚年个性化的自由构成方式，文森特·斯卡利将马赛公寓柱子的"肌肉般的紧张感"等拟人化的感情借用作为柯布西耶后期作品表现的特征，但是其根源还是要追溯到白色箱型之前。柯布西耶最初期所具有的个性的核心部分，作为身体的感觉在深深地延续着，到后期发展成为最自由的、夸张的表现。

第三章 世纪末的垂直高起——长在坡地上的枞树

"轮廓原型"和"配角原型"都在暗示,伴随"垂直高起、水平出挑"这种独特的构成方式而来的紧张感是构成建筑整体存在的基础。身体的感觉及灵活的创作契机在不同的表现形式背后扩展着,它保证了柯布西耶从其创作最初期开始直到晚年都有丰富的构思和丰硕的创作成果出现。

1."在众多成果上的重复"与"组合方式的变换"——施沃普住宅的预言

(1) 故乡的空白墙面——"回型"预言的"广型"和"匚型"

柯布西耶 25 岁时设计了法维瑞·加考特住宅（1913、P41），其特征是建筑前面探出好似人张开双臂一般的圆弧状部分，圆弧曲率由业主拥有的汽车的回转半径所决定。像是要阻止来访者的低层部分沿着大地限定着汽车的行进路线，和建筑主体形成强烈对比，这一点与 19 年后的萨伏伊别墅有着直接的重合连带关系。在柯布西耶 1917 年定居巴黎之前，他在故乡所设计的作品都鲜有革新性，因此，这些作品不被发表的理由也就容易理解了。但是，就像在前言中所提到的那样，这些作品并不简单地是一些不成熟的作品，从其中也能具体地体会到某些预言性的特征。因此，要捕捉柯布西耶创作中那些隐藏在其丰富变化背后的持续的创作思想，最早的线索似应追溯到柯布西耶在其故乡时的作品上。

柯布西耶在故乡设计的七个作品均没有被收录到作品全集中，只有最后的施沃普住宅（1916）在《新精神》杂志和《走向新建筑》一书中发表过。由于施沃普住宅实现了柯布西耶早期所关注的钢筋混凝土平屋顶，所以可以看出这是一件有着极高重要性的作品。十字型平面虽然是受到了赖特的影响，但各个房间都面向中央两层高起居室这一点却可以看作是柯布西耶一直持续到晚年的"以中厅为核心的空间构成"设计思想的萌芽。更引人注目的是建筑临街一侧的高端位置上有一面被围合成"口字型"的无窗墙面。这块墙面十分显眼，足以引起初次观看者的注意。但是由于其自身只不过是缺

施沃普住宅（1916） 建筑临街一侧设计
有围合成"口字型"的镶板状墙面。可以
这样理解，即这个"二维的组合型"预言
了三维的"在空中组合的长方体"。萨伏
伊别墅构思的起源从柯布西耶怀乡，古老
意匠的作品中也能体会到。

普拉内克斯住宅（1927）（左）**和别墅型公寓住宅**（1922）（右） 施沃普住宅的空白镶板状墙面是二维空间范
围内的，可以说是不完全的预言，其有可能作为立方体进行多次的解释和展开。可以说在空中"出挑"的"凸
型"（左）和在空中"凹入"的"凹型"（右）都是从这个相同的"展示空白形态"上进化而来的，都是柯布西
耶想像力持续演变的具体形式。

主角构思的源泉 柯布西耶在20世纪20年代有"凸型"和"凹型"两种相反的原型构思。
从这两种构思中能够看出它们暗示着当时巴黎最新的艺术动向，另一方面也可以理解成
是柯布西耶在故乡设计的施沃普住宅的"空白墙面"这种预言向不同形式发展的结果。

乏特征的空白部分，因此不会引起人们长时间的持续观看，人们的视线很快就会从此转移。也有评价认为这是柯布西耶个人惯用的形式，但是不管说什么，都应该首先将其理解为是"二维组合效果"的表现。被着重表现的形态不是被构筑体——柱子和梁所围合的墙壁部分，而是由自由线条围合成的"空中的矩型"。萨伏伊别墅很重要的一点就在于它是和大地没有关系、在空中自由组合的长方体。我们可以将萨伏伊别墅"空中的矩形"看成是二维空间范围内作出革新性预言的主角在"三维范围内的几何形态组合"。如果是这样，施沃普住宅可以说就是柯布西耶20世纪20年代"主角构思"起点的代表。但是，很难说施沃普住宅暗示了萨伏伊别墅那透空的、均质的、几何学的形态世界。在施沃普住宅沉重而古老的造型中，只有和大地没有关系的"空中的组合"这种效果给人留下和"几何形式的建筑"表现相接近的印象。施沃普住宅作为指明革新方向的"最初的飞跃"在故乡登场了。柯布西耶在去巴黎亲身体会最新的艺术动向、并强烈意识到抽象形态和纯粹立方体之前，其空间"组合的感觉"在故乡就已酝酿好了。

在施沃普住宅的街道一侧，人们抬头所见的"空白墙面"可以看成是柯布西耶后来革新性主角构思的最初预言。但是，由于它是二维空间范围内的不完全的、未进化的预言，可能暗示出三维空间完全不相同的两种表现，在空中出挑、凹入这种表情的交替出现也就成为可能。"凸型"和"凹型"中的任何一方都具有着成长发展的可能性，这些都是从柯布西耶在20世纪20年代采用的设计原型中得出的结论。雪铁龙Ⅱ住宅（P49）可以说就是"空白墙面"向现实的"出挑部分"进化的形态。在拉罗什·江耐瑞住宅中，尽管最先映入眼帘的画廊墙面不是出挑部分，但是在"空中的空白墙壁"弯曲着伸向前方这一点上，仍可以看作是一种进化。和它直角相接，位于入口上方的"大玻璃面"是"空白墙面"的透明化表现，与现实中的透空部分更加接近 (P73)。如同是并排站立的同胞兄弟在迎接来访者。而且，正是现实的透空部分——"凹入"形成了奥赞凡特住宅 (P29) 和别墅型公寓住宅的"凹型"。初看以上这些建筑都具有完全不同的特征，并且作为白色箱型作品又有着各自的魅力，但它们整体上均植根于让来访者"看到高悬的透空的白色矩形"这一初期的想像力，可以说是某一原型效果演变出的众多的不同表现。从这一意义上来看，空白墙面对于柯布西耶来说是演变出丰硕作品的原型。

就像在绪论中提到的那样，20 世纪 20 年代柯布西耶的"主角构思"在"箱体"和"凹入"这两方面并行发展，这是设计、创造出独特的白色箱型作品群丰富表情的根本。但是这两个完全呈对照性的构思，在表现"空中长方体"方面可以看成是同一想像力的产物 (P26)，更可以理解为是柯布西耶在故乡创造出的"交替表现"的形态结果。在施沃普住宅中实现的尚未分类的"在空中的组合表现"，经过巴黎最新的、没有实体和虚体区别的艺术想像力世界的洗礼，向多姿多彩的建筑表现形式进化。这种构思在施沃普住宅这种有限的范围内独自、丰富地展开，到萨伏伊别墅创作时再度重现。同时，它也使人明白了施沃普住宅虽没有被收录到柯布西耶全集中，但其对柯布西耶后来个性的发展所具有的重要意义，它是柯布西耶设计生涯中的最初飞跃，是主角构思的鼻祖。

(2)"视线直视"与"视线运动"——视觉对比的构成感觉

柯布西耶在故乡的设计中运用了各种各样的圆弧形体(P41)，这一手法在施沃普住宅设计中也有所体现。在主体箱型的两侧贴附有半圆型的低矮箱体，革新性的、"主角构思"起点的"空中的空白墙体"与向背后伸展的、低矮的圆弧部分形成对比。另一方面，萨伏伊别墅的"空中长方体"是立在大型的半圆筒体之上的，施沃普住宅对萨伏伊别墅的预言不单单体现在拥有"空白墙体"上，在和设计中出现的圆筒体对比这点上也是相似的。在使观看者视线直视的主角组成上，增加了使视线能沿着大地延续的圆弧部分。两栋住宅在强调"视觉对比效果"这一点上是共同的。

绪论中提到的"半圆筒形＋长方体"这种"主角构思"可以上溯为萨伏伊别墅→贝沙克居住区的Z型住宅和梅花型住宅→库克住宅→奥赞凡特住宅这样一条线（P63），其起源更可追溯到其故乡的施沃普住宅。在和反映汽车运动的曲面做对比一点上，与法维瑞·加考特住宅相类似。柯布西耶在故乡的这段时间，也就是在喜好与依赖透明的几何学的艺术世界之前，就以强烈的对比感觉，酝酿了他那具有个性构成感觉的质朴根源。我们可以把这种视觉效果的组合理解为视觉的提前获取，略显松散的构成感觉的原型首先登场了。它们在20世纪20年代与代表最新艺术的纯粹图形世界相结合，到萨伏伊别墅创作时使几何学样式得以具体化。柯布西耶从最初期就开始坚持这一构思，并使白色箱型得到充实，推动了它的进化过程。

另一个引人注目的部分是施沃普住宅的箱型,它在服从于两侧庄重的低层圆筒形造型的同时还表现出另外的意味,这就是在被两侧围夹住的空间上表现"空白墙体"的形态。这种一直延续到柯布西耶晚年的构成特征之一,被S·莫斯称为"衣柜型"的形态。建筑两侧用没有窗的墙壁夹住,形成前后方向上的形态造型,可用"⊏型"来表示。它从雪铁龙住宅(1920)开始,在斯坦因住宅(1927、P87)的设计中更加明确,经过瑞士学生会馆(1932),到昌迪加尔高等法院(1953)时达到顶峰。应该说,从一个在故乡时就已设计完成的小小施沃普住宅,也能读出后来的"⊏型"的萌芽。

在施沃普住宅临街道的一侧,有一个直达最上层的三层高的楼梯。但是,和后来的魏森霍夫联排住宅(1927、P59)和瑞士学生会馆(1932、P197)不同,它没有强调将楼梯间设计成塔状突出在外,而且,立面上也没有反映出内部垂直贯通的形式,其构想是要表现空中独立的"空白墙板",而其背后才是楼梯在垂直上升。从这里我们可以明白在柯布西耶的想像中有"空中组合型"和"向上升起的楼梯"这种组合,大概能够读出"Д型"的萌芽。在后来构成柯布西耶"主角构思"的"⊏型"和"⊏型"中,也有将楼梯设计成附属的"Д型"(P36)的情况,清楚地表明他在故乡时就已有了这种组合的萌芽。萨伏伊别墅虽说从外面很难看出这些特征,但是在"空中长方体"的中央,仍有斜坡道向上伸展着。在柯布西耶的想像力中,"Д型"是利用楼梯使"空中的独立"的形态得以完成的基本形式。

施沃普住宅（1916）**侧面**（上） 受约瑟夫·霍夫曼的阿尔斯特住宅（1911）（左）影响，厚重的屋檐从上面压住圆筒部分，引导视线沿着大地和庭院的方向运动，和使视线可以直视的"在空中组合的墙面"相对照。这种视觉效果组合的构成特征已经在预言萨伏伊别墅了。

"视线直视"和"视线运动" 直到萨伏伊别墅创作，作为"长方体在半圆筒上的构成（P63）"这种几何学立方体的组合仍在持续。同时，也保持着"使视线直视的主角"和"使视线运动的配角"这种视觉效果的对比。20世纪20年代的"主角构思"在这个意义上可追溯到柯布西耶在故乡完成的施沃普住宅。

施沃普住宅正面和平面图 立面没有反映出内部楼梯间垂直的连续性，只是在表现"空白墙面"。使内外融合，暗示出以"空中连接结束"的楼梯所造成不断上升的印象，在柯布西耶的想像力中已经开始酝酿形成"凸型"了。

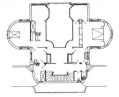

背后的楼梯 尽管外观上看不见，空白墙面背后却有楼梯，这里也可看出"凸型"的影子。

瑞士学生会馆（1932）（左）**和昌迪加尔高等法院**（1953）（右） 尽管好像都是自由的变形，但应该不是突然构想出的重要原型。用无窗的墙面夹住两侧，这种几乎无意识的形态处理实际上是在有意识地向"凸型"发展。

"凸型"的原型 延续到晚年的、反复使用的，在被两侧围夹住的空间上设计前后造型，这种构成感觉的起源可追溯到施沃普住宅的形态处理上。

斯坦因住宅（1927）和普拉内克斯住宅（1927）揭示出了白色箱型的成熟阶段。至此，这些被确认的个性原型的重叠，使长方体能够展示出丰富的表情（P82、P86）。在施沃普住宅中，既有这些原型中的"⊢型"和"⊏型"的鼻祖"⊔型"的萌芽，也能从整体构成上读出"⊏型"的起源。施沃普住宅汇集了柯布西耶后来形成的独特的、成熟的、个性化原型的最原始特征。受惠于规模和预算的原因，施沃普住宅确实是集中体现了在它之前的六栋建筑实践中所得到的各种成果，是柯布西耶在20世纪20年代形成的丰富多彩特征的起源。施沃普住宅不但体现了个别的原型，而且作为多数原型重叠后的作品所创造出的魅力也具有预言性，就像下面各项作品中将看到的，它也有组合方式的原型。从这里形成的多样的分支，被确定为新的原型，然后再被整合。20世纪20年代前半段的若干个住宅就是基于这些原型，通过白色箱型被我们所认识的（P70）。

在施沃普住宅中，能使人想起部雷和鲁道夫传统设计的多个细节正是柯布西耶个性中深层次构思的具体体现。在这一探索时期，柯布西耶参考借用了各种各样的构思，"对他来说也许是必然的、不能逃避的深层次感觉"被体现出来。"这里用没有窗的墙壁围夹，那里用出挑来试试看。"类似的形体和空间的处理方法，几乎是无意识的形态处理感觉预示了如"⊏型"的形成。如果反复使用它们，那就能看出重要的预言来。在故乡那些能体现柯布西耶结论的作品中，比起显而易见的特征来，"形态处理"方法中所体现出来的执著构思实际上好像更具有重要意义。

(3) 斯芬克斯的联想——统一多种预言的组合方式

没有从一开始就拥有确切的、独自表现世界感觉的人,特别是在实际作品中的确认上比较困难,在建筑设计中更为显著。伟大的个性也是从细小的萌芽中培育出来的。也许最初有意识的概念和他人仅有微小的差异,也许仅仅是感觉上的一种偏离。这种微妙的、不确定的概念伴随着作品的实现过程反复得到发展,具体地、旺盛地成长起来。强大的、未加分类的个性世界由许多的萌芽所构成,成为具有多种特征的集合体,进而在一个作品中被整理、统合,得到展开。柯布西耶后来在强调对自己作品进行各种各样总结的重要性时,曾写到"住宅有四个类型(P33)",可以说那是将自己内在的东西放在过去的成果中加以确认,为形成持续的特征而做的工作。在柯布西耶个性的成长过程中,施沃普住宅是一个里程碑。而且,在施沃普住宅中,各种各样的特征被统合在了一个独立的组合体中。

在街道一侧的外观中,被重点强调的"空白墙面"下的围墙端部呈曲线状的突出,好像是从下面举起"墙板"一样。施沃普住宅整体是由"高低两部分箱型"咬合而成,其构造是应该可以称得上当时最先进的钢筋混凝土结构,用砖进行润饰,外观显得古朴和厚重感十足。街道一侧"高的箱体"部分的外观和围墙形状相称,好像是要与"强调空白墙面"相适宜。另一方面也是要和从侧面延伸到背面的"低的箱体"形成对比。虽然柯布西耶在后来所倡导的五原则中主张"去掉檐口",但在这里却采用了突出的、段状的、大而厚重的檐口。这种夸张的檐口,产生了使"低的箱体"和大地密切接触的效果，强调出受到上部的压力而匍匐于地面的表情。与之相对比的"高的箱体"部分中的"空白墙面"，其上部的檐口只是极小的板状，能看出即将退化的那种趋式。

街道一侧"高的箱体"向上凸起，强调"空白墙面"的效果，从两侧延续到庭院的"低的箱体"则贴附于大地。施沃普住宅就是采用了这种对比强烈的构成，紧坐于大地，脸部向前突出，这种形象使人联想到斯芬克斯。在这种组合中体现出来的不是一般的、充满同样压力的、静止不动的存在感，而是弥漫着更加自由、积极的紧张感。就像趴在地面上的人想站起来时，开始会直起身体，让腰部向后下沉。这种孕育着向上伸展的、动态的感觉，使人直接想起波瓦瑞住宅的基座部分，其所体现的"组合方法的变化"完全可以追溯到这里(P121)。

设计施沃普住宅六年后，在柯布西耶所设计的雪铁龙住宅Ⅱ中出现了最早的独立支柱形式，作为"凸型"的一部分，包括内部起居室在内的箱体被高高托起，和出挑效果一起构建出"在空中生活"的意象。在"后部根植于大地，前部在空中出挑"这点上，可以说是夸大了的施沃普住宅的箱型组合。在空中独立存在的"空白墙面"向拥有内部空间的立体存在演变。同时，从组合方式看，前部与后部的个性差别也更加明显。可以说这是向"凸型"建筑形态的进化。雪铁龙Ⅱ住宅九年后，萨伏伊别墅建成，尽管两者在强调几何学构成上是相同的，但萨伏伊别墅不是"凸型"，似乎是在空中出挑的感觉上支配着建筑整体，为了最好地表现在空中独立这种效果，也保持有同样的"组合的感觉"。施沃普住宅的"空白墙面"在空中独自存在的同时，在独特的整体"组合方式"中也被赋予了

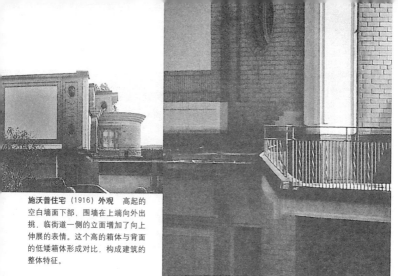

施沃普住宅（1916）**外观** 高起的空白墙面下部，围墙在上端向外出挑，临街道一侧的立面增加了向上伸展的表情。这个高的箱体与背面的低矮箱体形成对比，构成建筑的整体特征。

施沃普住宅轴测（下） 高的箱体部分好像向上伸展，低的箱体部分由于沉重的檐口感觉更贴近地面。后部被固定在地面上，向前方探出面部，有类似于斯芬克斯那样的构成感觉。

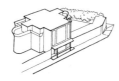

雪铁龙II住宅（1922） 后部从大地上直立，前部在空中水平出挑，这样的"口型"可以说是利用几何学特性构成的一体化箱型，夸张地再现了施沃普住宅的组合方式。

史托扎住宅（1908）（左）**和贾克门住宅**（1908）（右） 两者都是在坡地上的厚重石头基座上建造的建筑主体，上下两部分分层次构成。来到具有怀乡情调的施沃普住宅前，两个交错凸起的部分被并排放置，一眼看去是古典的作品，然而构成感觉却发生了质的改变。

"组合方式"的预言 在施沃普住宅中重叠着"圆筒＋长方体"、"口型"、"凸型"、"凹型"和"凸型"等重要原型的鼻祖，它们被根植于大地的出挑这种独特的"组合方式"组合在一起。

相应位置，两个作品的共同性也就在这里。

上面探索了柯布西耶作品形态逆转的三个阶段性变化，在施沃普住宅中，看得出作为"组合方式变化"的"白色箱体之前的萌芽"状态；到巴黎后，在雪铁龙Ⅱ住宅设计中演变成"长方体的出挑"这种形态；之后又设计了强调"长方体的独立"的萨伏伊别墅。施沃普住宅是促成巨大变化的最初征兆，如果加上身体感觉的考虑，那么，潜在的动作感觉首先被确认，然后演变成更加夸张的姿态。优先考虑保留这种感觉的不同效果，这就是具体的组合过程。

柯布西耶在故乡最初设计的三个作品都是由在基座上建造主体的"叠层"型构成。建筑的基座部分和主体呈交错重叠形成"并置"，这种感觉延续到了施沃普住宅。施沃普住宅不是建造在山丘地上，而是建在舒缓坡地上的平坦基地中。初次在这样的场地上规划建筑，站立在坡地上时那种从脚尖传递出来的紧张感过少，所以不能依赖它。也许柯布西耶是有意识地尝试创造犹如上半身在空中向前探出一样的斜面上的感觉，并将此种感觉融入到建筑中去吧。

柯布西耶在故乡十年左右的时间里所设计的那些不太显眼的、没有创新的作品中，实际上包含着各种各样的预言。这些预言都集中体现在了施沃普住宅的设计中，柯布西耶后期重要的个性特征都被"独特的组合方式"统合起来，并且存在于轮廓和配角原型之中，延续到晚年的"垂直高起"组合也是从这里发展起来的。追溯柯布西耶连续的独特性，最后应看一看其在故乡的可被称为预言之核心的"组合方式"是如何衍生发展的。

2. "空白"与"树木"——组合方式的起源

(1) 贯穿"透空长方体"的物体——自然作为配角的作品

　　新精神展览馆(1925)将长方体的主体和圆弧墙壁的放映馆布置在一起,使人想起施沃普住宅,但是其整体缺乏特征,和其他的白色箱型作品相比,给人以形式过于简单的印象。看不出"凸型"和"凸型"的轮廓,也没有所谓"冖型"和"丷型"的配角,缺乏固有的个性和复杂感,惟一引人注目的是那个大型凹空间。与奥赞凡特住宅 (1924、P29) 和斯坦因住宅 (1927、P28) 相类似,它采用在白色箱体上重叠透空的长方体的方式,形成了"凹型"的形态。但是,和这两个住宅的不同之处是它没有构成"凵型",缺乏作为主角的个性。另一方面,凹入处内部天井的圆孔引人注目,它位于白色箱体中被挖空的长方体上面,然后再被完全贯通。伴随着整体的"凹型",对于白色箱体,只有"减法"部分是引人注目的整体,但是感受不到从那圆孔中追求阳光和向上伸展的空间个性,很难看出可以称为创造积极性格的加法的特点。

　　就像在多数例子中看到的一样,20世纪20年代主角的长方体中也包含着这样的凹型部分,被屡屡暗示出"高高耸起的表情"。在奥赞凡特住宅 (1924) 和普拉内克斯住宅 (1927、P77) 中,其屋顶就像工厂建筑一样,设有突出的采光窗;在贝沙克居住区 (1926) 的古利纳型住宅和摩天楼型住宅中都伴随有"冖型";在拱廊型住宅中,虚空部分本身就具有向上扩张的轮廓 (P44)。新精神展览馆的"透空的长方体"上没有形成这种向上高起的效果，过于简单的印象使人感受不到柯布西耶一直以来主张的主角的个性。配角也没有形成配角的效果，只是停留在轻轻飘浮和开敞的姿态上，没有与上空和周边形成积极的结合。也许由于只是在1925年巴黎装饰博览会短短的会期中作为展示馆使用这种特殊的原因而省去了通常的个性配角吧，其作为柯布西耶的作品算是个例外，因此没有必要设计出与其他白色箱体一样的高起、出挑这种生动的表情，能使人想到"极其简单的箱型就可以了"。

展览会后被拆除的新精神展览馆于1980年在波洛尼亚近郊被原样再建。从竣工照片中可以看出建筑凹部中央的树干极其纤细瘦弱，和这不同的是当时建筑中的那棵树，在附加物很少的情况下也吸引着人们的视线，使人感到树木起到的重要作用。植根于大地，通过凹入部从圆孔中向天空伸展，和建筑形态紧密结合，预示了成长着的生命。形成了"透空的长方体"和"垂直高起的作品"相重叠的形态。

奥赞凡特住宅和普拉内克斯住宅的天窗，是由于内部的工作室的采光需求，追求从上部采光而采取的形式（P77、P99）。新精神展览馆的树木从内部挑出天井，指向天空，不仅仅是强调垂直高起的形态，而且树枝向周围伸展出挑。树木、"ㅠ型"和天窗同样存在着"从内部向天空高起"这一意义，给白色箱体赋予个性这一基本构思是相同的，只是表现形式各异。的确，配角本身不是必要的，只是赋予主角必要的效果。总是借助于

新精神展览馆(1925) 也许是由于博览会短期使用，作为柯布西耶的白色箱型作品，它过于简单，附加物少，凹部和天棚的圆孔等减法做法明显。巨大的"透空的长方体"由于没有配角而印象较弱，没有形成积极的主张，只略显飘浮感，好像空的凹洞。但是高大的、贯穿长方体的、从屋顶高起的树木起到了和配角相同的效果。

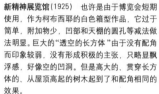

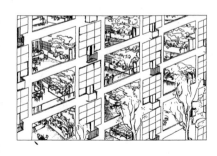

别墅型公寓住宅（1922） 新精神展览馆就是取出其在空中构成的一个住户单元放置在地面上而形成的。当时，柯布西耶为形成一个作品几乎惟一的作法就是让人看到生长在大地上的、向上垂直高起的巨大树木被紧密地组织到建筑中去。在主角的长方体上重复表达垂直高起的表情这一点上，可以想像形成"⊤⊤型"和"◥型"的特征被寄托在树木上。

贯穿透空长方体的树木 在背后支持"轮廓原型"和"配角原型"的是扎根于存在感深处的组合感觉，也偶尔从通常的建筑表现中得以体现，借助于一棵树加以表达。

配角的意图，被重叠在树干和树枝的成长力上。虽然采用的方法各异，但背后的东西是共同的，这也是超越手法的想像力的延续在支撑。

这个作品是占据了一个街区的别墅型多层公寓住宅（1922）的一部分，只是取出所设计的六层高住宅中的一个住户单元布置到展览会上。"这个展览馆作为别墅型公寓住宅的一个住户（细胞），在地上15m范围内完整地建造起来（全集第一卷）。"如果是这样的话，树木就显得不自然了，但是如果回到地面上，作为独立的作品和大地直接产生关系时，就和在空中被重复的情况不同了，某种形式的修正就是必要的。确保柯布西耶建成作品个性的存在感、形态的紧张感形成的是"组合方式"的性格，而它用一棵树就可以实现了。在每一个建筑创作时，如果能从想像力深处形成具体形态的构思，捕捉深层次契机，这种不同的表现形式形成的相同效果就会引人注意，现实中映入眼帘的形态就在以前的想像力深层中延续。柯布西耶在处理白色箱型体量时也体现了几何学之前的、来自于丰富想像力深处的构思。

新精神展览馆设计中所使用的减法特征很明显。这也许是由于柯布西耶有意识地使建筑形态自身过于简单，有欠缺感吧，因此树木十分显眼，无意识之中给人的印象是树木是不可缺少的要素。更进一步可以说是拥有自然的生机勃勃和看似微不足道的形态印象之间的相互补充。

（2）支撑竖向高起——被当作树木的构筑物

赖特平时常说要"从梁柱结构中解放出来"（天野太郎《F·L·赖特1》美术出版社）。约翰逊公司总部大楼（1939）的结构"就像一棵大树的树干向四周伸展树枝一样"（谷川正已《F·L·赖特》鹿岛出版社）。这种结构的最初构思体现在国家生命保险公司的摩天楼设计上（1924）；更加明快的改良是纽约塔状公寓设计（1929）。在设计中，中央的主干部分包括电梯、管道井等各种设备，作为惟一的垂直构造体承受荷载。"赖特按照自己的构想在设计由混凝土和玻璃建造的树木"（P·布莱克《现代建筑巨匠》彰国社）。赖特的老师L·沙里文设计事务所大楼的外表面，柱子交叉排列，表现出垂直材料的密集，表面也进行植物装饰，只从外观的效果就可以看出19世纪末垂直高起的组合方式（P174）。赖特不仅在外观上，同时在现实中也构想着像植物一样的组合方式，实际的例子有约翰逊公司总部的高层部分（1950）。集中在中央的柱子像树干，楼面像树枝一样扩展。建筑整体是半透明的立方体，树状柱子贯通其中。这种想像力的起点和新精神展览馆（P151）相类似，主角因具有向上高起的生命力而变得生动。

比柯布西耶年轻八岁的巴克敏斯特·富勒非常关注柯布西耶的创作，从1929年开始，他发表了若干个"精悍高效"式住宅（富勒从1927年就开始以枞木板试制直径达12m的圆顶式住宅，即Dymaxim，译者注）。从中央仅有的一根柱子的顶端用钢索悬吊起建筑整体，这种结构决定了它的基本形态。几乎同样的结构也被应用到包括事务所在内的一系列设计中，当时的报纸是这样评价的——"他设计了像树木一样的房屋"（富勒展2001图录）。用同样的方式他设计了许多被称为4D塔的高层建筑，这些高层建筑因为细长而更像树木。这种支撑方法适合六角形和圆形平面，整体上就更接近于树木的形态，柱子向内部做最大限度的后退，从中心向外支撑的构思比什么都最直接地和树木相吻合。以多米诺体系和五原则为象征的那个时期，结构革新的极端结局是形成像树木一样的形态，这被看成是最夸张的例子。到了战后，包括日本在内，主要在办公楼的设计中产生了很多采用从中央柱子的顶部悬吊住全部荷载这种结构形式的作品，近代建筑结构的变革必然要形成的几乎都是树木似的轮廓。

从以上例子中可以看出，20世纪20年代关于结构和形态的想像力都汇集到树木的印象上。只不过单个梁柱组合的结构体也被描绘成是从大地上高起的自然物的成长，因自身内在力量所采取的形体使人感到一种积极的存在。这样一来，最新技术的产物也能融入感情，和想像力的深层相呼应，构想转化为丰富的成果成为了可能。结构体、树木、作者的身体根据基本的"组合方式"的感觉可以拥有共同的存在感。

贝沙克居住区的古利纳型住宅（1926）上，"型"只是在侧面附加，屋顶"型"的柱子向内侧后退，"型"比起"从外

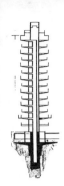

F·L·赖特的"约翰逊公司总部"(1939) 内部（右）和公司塔楼部分（1950）剖面图（左） 内部的特征是像树木一样的柱林，塔楼部分也被解释为"像树木一样建造的建筑"，具有如同树干伸出树枝般的结构设想。

F·L·赖特的"国家生命保险公司摩天楼设计"(1924)（左）·"纽约塔状公寓设计"(1929)（中）·L·沙里文的"维因赖特"大楼(1891)（右） 将高层建筑构想成树木。和其老师沙里文在建筑外周密布垂直材料的作法正相反，赖特则强调一种从内向外出挑的组合方式的感觉。

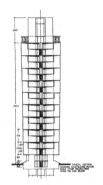

"精悍高效住宅"(1929) 和"4D 塔" 非常关注柯布西耶创作的富勒被评价为"像树木一样设计房屋"，其设计使人更加直接地联想到树木。

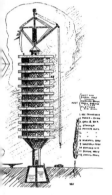

贝沙克居住区的古利纳型住宅（1926） 这个建筑是在白色箱型上"附加了配角"，或者可以看成是摆脱主体制约的"帀型"和"\型"。像树木似的从内部支撑的形态可以理解为部分的向外露出。在这一点上，可以说比表现新时代到来的主角——几何学立方体负有更重要的意义。延续的根据来自于内部，部分在于外部。

被当作树木的结构体 20 世纪 20 年代以来，由集中到建筑中央的柱子汇集荷载，像树木似的结构体屡屡被构想出来，一直持续到战后的日本，可以称为是在结构的想像力中重叠植物生命的潮流。

部附加"的做法，使人更加强烈地感受到"贯穿内部而存在"的顶部的处理形式。在内部支撑长方体外观的形体高起，从而在屋顶上显露出来，特意强调出和"＼型"的对比。可以看出柯布西耶是有意识的赋予"冖型"以性格，使结构体拥有生命的感觉。这样一来，新精神展览馆凹入处的树木作为"贯穿立方体内部向上高起，并在顶部展开的作品"，和古利纳型住宅的"冖型"相重叠。

多米诺体系是柱子立在内侧，形成"垂直高起支撑楼板，水平出挑承托墙壁"的最低限度表现。结构体不是作为仅仅支撑建筑外皮的内部构件，而应该像拥有生命、贯穿内部的植物那样给人以生机勃勃的积极印象，抑制主体，主张持续的发展。"冖型"是这种内在的多米诺体系的一部分，垂直高起显出屋顶的形式；"＼型"可理解为侧面有露出的构件。结构体和配角拥有相同的想像力，箱型只不过是它们简单的衣服，容易更换（P130）。配角们拥有长久的生命力，能延续下去的原因是它们不再是简单的附加物，它们以"组合方式"的想像力为基础，担负起部分地将几何学立方体在现实的大地上实现这样的重要作用。多米诺体系是结构体，拥有树木似的存在感，是配角和暗示配角的组合方式的起源。在柯布西耶的想像力深处，像树木似的"能成长、积极"的存在感是核心，并支持着其创作的延续性。

（3）几何学的与植物的——起点的形态问题

柯布西耶晚年在回顾自己的处女作——法雷住宅（1907）时说，当时不顾周围人的忠告，在建筑角部开设了两个窗户（全集第八卷）。虽然和当地的山庄形态相近，但那个窗户创造出了开放的形象，使人明白他从十几岁开始就已经尝试要从传统建筑的"苦闷、封闭的效果"中逃脱出来。经过施沃普住宅，在雪铁龙住宅中产生了"将中空作为核心的空间构成"的萌芽。但是比起任何的其他作品来，法雷住宅的细部有很多趣味性。柯布西耶的老师，而且是这一工作的介绍者C·勒普拉德尼耶注重根植于地域的装饰样式，他观察植物，将植物单纯化以创造各种细部。有人说法雷住宅的装饰和其他学生有密切关系，但是柯布西耶留下的描绘当地植物几何图形的、简化的草图和法雷住宅的细部样式相近。至少这个住宅的植物细部构思告诉我们——柯布西耶是从如何处理形态这个世界开始出发的。

法雷住宅的"窗棂"使人直接联想起树木，像树干似的贯穿窗的中央，向左右分枝。尽管是简单的几何图形，但也显示了"纤细线条的竖向高起"被还原成直线成长的生命力。通过开口部的透空部分，窗棂穿过窗玻璃这一"透明矩形"中央，好像在表达植物存在感本质的上升姿态。和树木贯穿"透空长方体"的新精神展览馆（P151）如出一辙，虽然现实的表现形式各异，但基本的组合感觉在延续。

挑檐是类似于段状的立方体组合，阳台的栏杆图案采用表示树木的抽象三角形，被认为是受到分离派的影响，是艺术装饰主义的先驱。这些装饰性细部没有像前面提到的窗棂那样简化，更多地保

法雷住宅（1907） 基本上采用了瑞士山地多见的传统的山庄住宅形式，缺乏新意和个性，但栏杆等处的装饰细部，好像预言了艺术装饰主义，能看出独特的几何学图形形态。

草图 柯布西耶留下的抽象的植物速写，使人直接联想到法雷别墅的细部。

法雷住宅几何学图形的植物形态 柯布西耶处女作的细部被认为是他校友的作品。但是以"竖向高起的窗棂"为代表的、以几何图形将植物简单化之类的表现比较多，这些都具体地证明了这是以柯布西耶的出发点来处理形态问题的基本方法。

挑檐 几何学立方体的上部向前挑出的形状被认为是受分离派的影响。同时，也传达出了与几乎同时期的H·吉马德的事务所大楼（P169）形式共同的感觉。

阳台的栏杆 将树木形态抽象为三角形，试图将几何形状与植物形态相融合。

窗棂 "寄托于最小的几何形式的树木"，好似向上伸展的树干和水平出挑的树枝，立在窗户透空的矩形部分中央，使人想起新精神展览馆。

雕刻在墙面上的装饰样式 当地坡地上常见的枞木形态被抽象成栩栩如生的几何学图形，成为作品的主题。

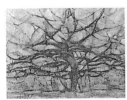

蒙德里安的绘画（1912～1914） 将树木的本质加以抽象，演变成垂直要素和水平要素支配的画面。几何形式线条的组合也能拥有生命，保留着成长的记忆。

留下原有树木的形态,我们从这些细部上能够明白柯布西耶从观察身边的自然中得到了什么?如何去处理形态?在这个作品中,与其他当地样式的作品相区别的个性应当首推墙面装饰。锯齿型树木主题是用特殊方法雕刻上去的,看上去是像生长在附近坡地上的枞树的几何形图案,顶部所蕴含的越来越细的上升感是它的特征。在自然和几何学上都和哥特建筑的尖拱相似,可以说是通过一种建筑的联想被统合在一起。与此相似的柯布西耶的素描也被保存下来,于是我们明白了其最早期关于形态问题的处理方法。在向近代建筑的大的转型期中,柯布西耶在瑞士山区致力于个人创作的努力首先是从接近身边繁茂的大自然和与几何图形相结合并使其简单化开始的。可以说将植物形态演变成几何图形是柯布西耶构筑特有的形态世界的第一步。再有,其老师 C·勒普拉德尼耶曾说过"(不是像风景画家那样写实)详细调查自然中的原因、形态和生命力的发展,在创作装饰的场合,创造出它们的结合体"(C·詹克斯《勒·柯布西耶》佐佐木宏译 鹿岛出版社)。我们可以想像柯布西耶在树木形态中读懂了生命,也致力于给装饰图案以生命力。

柯布西耶虽然从20世纪20年代开始真正地对待纯粹的立方体,但并不是完全依赖几何学的形态世界,即便是长方体,也不给人以简单的、没有性格的、没有存在感图形的印象。从与自然相结合的想像力出发,即使是直角、一根直线也要赋予它生命力。几何学图形与植物的组合和成长的简单化处理之间的相互妥协之处,应该说保证了他最初创作的紧张力度,这大概是产生"凸型"和"「型"的直接背景。

1912～1914年，P·蒙德里安创作了逐渐将树木简单化的系列作品。支配他的抽象绘画的垂直线和水平线可以看作是将树干向上高起和将树枝伸展抽象化后的成果。即使是乍一看比较生硬的图案也能让人深深地感到自然的生命感。

施沃普住宅作为柯布西耶在故乡的封笔之作，体现出一种"组合方式的变换（P145）"。从紧贴大地不动的姿态转换为向上高起，深深地提示了主角，孕育出对角线方向流动的构成感觉；从只是接受重力传递给地面受体的静止状态，转变为更加能动的、积极的姿态。倾斜所产生的紧张感，像上半身向空中探出所产生的那种感觉，在陡坡上是常有的。脚下地面倾斜、不稳定，这种组合方式更加重要，应该被记忆起来。这样一来，追溯支配柯布西耶其后创作构思展开的持续性，以及支持其组合方式的紧张感的结果，就是故乡的坡地了。斜坡地的记忆首先停留在脚下，暗示给全身以一种奔跑的紧张感，同时，这独特姿态的感觉是由生长在斜坡地上的枞树唤起的。即使只看到斜坡地上的枞树也容易唤起的组合方式的感觉，从小时候就深深植根于柯布西耶的体内，是支持他后来创作的最深层的东西。柯布西耶在感觉丰富的时期，伴随着对植物观察而产生的实感，将其融入到处女作细部的"竖向高起、水平出挑"中。这种生命感转化为丰硕成果的创作，在20世纪20年代通过箱型建筑，形成了保留下来的"配角"和"轮廓"。支持柯布西耶延续一生的丰富构想的基础是以其在故乡的"多产的身体感觉"为开端，继而坚韧地培养展开的。

3．世纪末的遗存——延续生命力

（1）笔直的树木 I ——孕育成长的组合方式

在20世纪20年代占据柯布西耶设计主角地位的长方体上重复着各种各样"竖向高起"的表情。如果能唤起同样的效果，即使是树木也是可以的。这同时暗示着柯布西耶这种想像力的源泉和对树木的印象相重合。这样一来，柯布西耶"竖向高起的轮廓和配角"就可以追溯到孕育其想像力的另一个背景—— 19 世纪末期。

杰弗里·贝卡从法雷住宅的外观看出"像树木一样的轮廓"。用石头堆积的基座和大地紧密相贴，其上的建筑向内收缩，而屋顶部分大幅展开。建筑南立面使人想起了植物的轮廓——底部像树根伸展，中间像树干一样高起、像树枝一样扩展。我们可以想像柯布西耶没接受周围人的忠告而设计的角部窗户是为了强调而将树干的部分收细。贝卡从建筑西侧的入口也看出了同样的小型轮廓，不仅是窗棂和墙面装饰等细部，法雷住宅整体上都存在着将植物的存在感向几何图形和简单化转变的效果，这是柯布西耶一贯追求的。

从柯布西耶的老师贝塔·贝伦斯同一时期在柏林设计的德国通用电器公司（AEG）（1910）的山墙上我们也能读出类似的效果。在充满重量感的古典式正立面上好像浮现出"直立的粗树干，树枝在上空伸展"这样的轮廓。在两侧被厚重的柱型墙所夹住的静态的神殿形式上表现着反抗重力的成长姿态。V·斯卡利从这个玻璃立面上感受到"从上面被吊起的那种紧张感"。这些尝试的共同之处在于处理"顶着沉重屋顶的传统立面形式"时，去唤起隐喻在其中的树木的轮廓。常期惯用的正面形式让人读出"垂直高起"的形式。传统的三段式构成因压力减小，也马上脱胎换骨似地向高起的树木形式转变。在那里大概存在着一个使19世纪末的感觉得以延续的发现。

　　柯布西耶在家乡接受的教育受到19世纪末艺术的影响，早期对柯布西耶有重要影响的老师C·勒普拉德尼耶在巴黎和维也纳学习过，他重视观赏自然，以创造新的风土装饰样式为目标；后期的老师P·贝伦斯当初也是作为画家在19世纪末期出道的。在19世纪末的建筑中，表面的植物装饰使人视觉愉悦，忘记了其背后的那沉重墙体的存在。也可以说传统建筑从基本的压力和固定性中逃脱出来的印象，同时也切断了对过去样式的执著追求。另一方面，维奥莱特·勒·迪克所描绘的、明显纤细的铸铁构造体也引人注目，不使人感到压力的纤细程度让人联想到植物的干和茎。使人惊讶的是与自我高起、成长似的紧张感相联系，使新素材和植物在想像力中交织在一起。在19世纪末，装饰不仅使人欣喜，而且能够唤起与人的深层次的身体感觉从重力中逃脱出来的成长力相类似的紧张。对植物的偏爱与感受充满生命的存在感是不可分的。当时追求新的形态世界的氛围与拒绝充满压力和固定性表情的"竖向高起的紧张感"相重叠，支持着现实创作中的多样性表现。"轻松感觉"之上的"从重量感逃脱出来的积极感觉"从"深层次"上为19世纪末的想像力打下基础，并用来处理植物形态问题。

法雷住宅（1907）正面和雕刻在正面、侧面的树木轮廓
（引自 G·贝卡所绘插图）　年轻的柯布西耶无视周围
人的忠告，所设计的角部窗户起到了使建筑立面的姿态
恰如树木的作用。旧有的正立面的构思以对树木的印象
为线索，孕育了新的紧张感。

史托扎住宅（1908）立面和法雷住宅（1907）的墙面
装饰（右）　前者虽没有实现当初预定的壁面装饰，
但其孟莎式屋顶的轮廓、上部墙壁的三角小窗、中央
底部的楼梯等都直接和后者的装饰样式相对应。立面
整体是树型的，好像是装饰主题的直接扩大。与基本
建筑形态相关的问题都被表现在自由的设想和单纯的
图案中。以"组合方式"为媒介，使想像力的飞跃成
为可能。

笔直的树木Ⅰ　顶部的屋顶、贴近大地的基座、传统三段式构成的正面形式，都能构想
成树木的轮廓。19 世纪末的想像力在这些地方被保留下来。

贝伦斯的德国通用电器公司（AEG）(1910) 在希腊神殿似的厚重的正立面上浮现出"竖向高起、树枝张开"像蘑菇、树木一样孕育着有生长力的轮廓。

赫克多·吉马德的埃考尔·德·萨克雷库尔大楼(1895)(左) 受维奥莱特·勒·迪克影响的19世纪末建筑喜欢像树干、树枝一样从压力中摆脱，自我采取积极的姿势，其支撑结构的细线条充满紧张感。

P·贝伦斯的"私宅"(1901) 作为画家，出道后最初的建筑作品在传统形式中表现出所受到的19世纪末的影响。

法雷住宅、德国通用电器公司（AEG）的透平车间都充满着花纹样式，是19世纪末艺术衰退时期的作品。虽说流行趋势已经逝去，但并不是突然全部改变，从过去的样式中脱离，向着从自然界寻求灵感的心态转移可以说是涉及形态想像力深处的巨大的本质性变化。如果是这样，那么一旦产生变化就不会轻易改变。在近代样式产生前后的这个时期，先驱们想像力中的"根基"部分应该是在热衷于对植物形态的怀念中成长起来的。前面所提到的两个作品在其充满传统压力的建筑形式中，表现出像树木一样自我高起的积极表情。19世纪末所得到的新的存在感、组合方式的紧张感没有利用具体的植物曲线，而是通过笔直形态来诉说与表达。19世纪末的装饰即使消失了，在建筑整体上也还保留着反映生命力、象征树木形态感觉的想像力。

S·莫斯评价法雷住宅之后的史托扎住宅（1908）是"失去锐度的法雷住宅"。的确，法雷住宅中的个性化细部在史托扎住宅中消失了。引人注意的是孟莎式屋顶、正面上部的三角窗和其底部中间的楼梯。这些都是与法雷住宅墙壁上的树木样式极其相似的特征。在三年前的处女作中，作为装饰样式被极度重视的形态被原样扩大了，并通过立面整体来表达。史托扎住宅由于没有前一个作品的简单化的植物形态细部，所以给人的印象较弱。但是其立面整体背负着柯布西耶的个性，暗示着更加独立的树木姿态。从装饰开始的对形态的专注转移到对整体的组合方式的关注上，后期想像力中的飞跃之一已经在这里体现了。

(2) 笔直的树木Ⅱ——出挑的事务所大楼

19世纪末的艺术中充满着树木的印象。新建筑的先驱者J·拉斯金曾说"以森林的意象来对待哥特建筑……艺术必须向树木学习。"在W·莫里斯的植物纹样中,"树木不单单是一种纹样,而是作为有生机的、成长的有机体来表现。"新艺术运动的作家们指出"不是创作出酷似实物的植物,而是要学习植物的生长原理,培育完全崭新的树木和花卉。"(海野弘《魅力的世纪末》美术公论社)

现在多数被保留下来的巴黎地铁站[赫克多·吉马德(1899～1902)]的确是"新的树林"。在最初设计新艺术运动风格建筑的、对吉马德有着巨大影响的维克多·霍塔的作品中,至少外观不是那么酷似树木,也许由于是石材所造住宅的缘故吧,实际作品中只有墙面较多地表现出了有机的流动。另一方面,由于吉马德设计的车站可能受功能制约较少,我们所看到的很多防雨棚和门廊只是由柱和梁构成,因此可以像树木一样地建造,加之材料是铸铁的,使自由的形状成为可能。向上高起的、像树干似的细柱在上部分枝,茎的端部设有像花蕾一样的红色照明器具,可以说是建筑形态最为接近植物直立姿态的例子了。他设计的阿尔贝尔·德·罗曼音乐厅(1901),内部虽说更为简单化,但可以看出更像树木的柱子,表现出树干向上高起、以分枝来支撑梁的形状。

30多岁即成为新艺术运动宠儿的H·吉马德在流行趋势过去之后,其50多岁时的作品则完全流于平庸。布列塔尼大街的事务

H·吉马德的布列塔尼大街事务所大楼（1914～1919） 19世纪末的流行逝去了，直线占据了支配地位。建筑侧面垂直线密集，正面上部出挑窗独立。植物曲线虽然消失，但从大地向上高起。在空中出挑的感觉却没有消失，能够使我们感受到19世纪末留下来的东西。

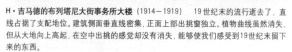

H·索瓦吉的劳吉埃大街公寓（1904）〔左〕 20世纪初期，仅存的装饰集中在拱的起点和出挑窗的支撑部分。植物成长的印象在有出挑表情的场合得以体现。

A·佩雷的瓦格拉姆大街公寓（1902）〔右〕 装饰集中在出挑的底部。流行接近结束时，19世纪末遗留下来的做法懂得如何处理过剩的植物形态。

H·吉马德的巴黎地铁站（1899～1902）　铸铁的可塑性使树干和茎向上高起，树枝展开，花蕾状盛开的照明器具等表现成为可能。植物姿态使建筑师们的想像力焕然一新。

H·吉马德的阿尔贝尔·德·罗曼音乐厅（1901）　竣工后数年被拆除，大厅内部独具特征的柱子和19世纪末的曲线相比，更接近于竖向高起、水平分枝的树木。

G·齐丹的巴黎人报报社（1904）　不直接模仿植物，而是将裸露在外的、保持工业产品原貌的铁件设计成支撑高高的出挑窗的具有生命力的变形。

H·吉马德的私宅（1912）　不像地铁站那样直接模仿植物。用从大地上高起、在上部出挑这样的曲线造型唤起具有生命感的积极组合方式。

笔直的树木Ⅱ　吉马德20世纪初期在巴黎的作品告诉我们，19世纪末停止直接模仿植物后仍保留在建筑师们想像力中的那些东西。

所大楼（1914～1919）中暗示植物有机生命的特征已完全没有了。很难想像是同一作者所为，看起来和过去的19世纪末样式完全无关。这种情况在今天的日本也很多，可以说稍微古老些的建筑都是那个样子，但还是能看出一些重要的区别。通常在构思办公楼设计的范围内，在侧立面表现出"细柱密集（P175）"，笔直向上高起的效果具有其特征性。在正立面，虽说很微小，但仍表现出窗户在上部出挑的样子。采用的创作要素虽非常平庸，但体现出来的"垂直高起"和"水平出挑"的感觉却具有个性。从这里能够体会出吉马德从地铁站设计开始，经过20年锤炼所养成的"后世纪末"的独特感觉。

一看到在此之前15年在巴黎建设的巴黎人报报社大楼（1904），就会更加明白这个作品的意义，和现代风格相近的铁和玻璃建筑是那一时期有代表性的作品，引人注目的是细铁柱采用曲线形式在上部支撑着出挑的挑窗。在H·吉马德设计的地铁站中，铸铁直接描摹着植物，铁柱露出铁锈，表现出大批量生产的外貌，形体也被简化，描绘着近似藤和茎那种形态的曲线。铁所创造出的细度和柔软性与拥有生命、向上高起的效果重合。乍一看虽然和19纪末的装饰完全不同，但在附属于立面表层，描述、表现植物成长姿态的表情上是相近的。

同一时期，昂利·索瓦吉在巴黎市内设计的劳吉埃大街公寓（1904）保留着少许植物装饰，但是，它们集中在入口大门廊的起点和出挑窗的下部。可以说传统的思维角度在形成出挑形状的部分重叠了植物的形态,当时集合住宅中极其一般的出挑窗可以看作是被墙壁自身生命力所促成的出挑,比起单纯采用使视觉愉悦的植物曲线进行装饰,其成长的感觉被融入到更为恰当的部位上。瓦格拉姆大街公寓(1902)是奥古斯特·佩雷20多岁时的石造作品,保留着19世纪末的痕迹。装饰还是集中在出挑部分上,强调着自然的生命力,以出挑的感觉为媒介,在想像力中将植物形态和建筑形态交织在一起。同时,这也告诉人们在新艺术运动流行接近尾声时是如何处理形态问题的。19世纪末有各种各样的变革,最显著的是直接模仿植物的表现消失以后,支撑在其背后、拥有生命和成长力的形态存在感却没有消失,视觉效果之前的、作为高起和出挑的"组合方式",通过身体的感觉被保留了下来。

同样建造在巴黎的 H·吉马德的私宅(1912)也不是直接表达植物形式,但采用"高起"的曲线较多,还能体会得到向上部突出的特征。建筑整体上可以感觉到是十几年前地铁站设计中采用的植物形态组合方式的感觉,看上去就像是依托在石块上。这样一来,高起的垂直性和上部的出挑各自形成对比,依托直线性的表现,就成为七年后的布列塔尼大街的事务所大楼。巴黎人报报社大楼将19世纪末组合方式的变革依托在铁构架上,可以理解为其形态和通常的办公大楼设计构思相重合。可以看出,19世纪末保留下来的身体感觉的深层次中有形态想像力延续的潮流在涌动。

(3) 高起的家具与高起的城市——19世纪末杂谈

柳树（willow）茶室（1903）和山坡（hill）住宅（1904）等是查尔斯·伦尼·麦金托什有代表性的室内设计作品，显著的细长形状的物品引人注目。开口部位、墙面装饰、扶手、折叠柜门等明显的纵向密集效果奠定了室内设计的基调。特别显眼的是各类摆放的家具，伞架、烟灰缸、睡床、钟表、还有椅子等，它们不单单是细长的，以通常看惯的物品"被拉伸"似的独特垂直性为特征，物品达到极限的"高起"使人强烈地感受到作者的个性。没有直接模仿植物，到处都是从压力中摆脱出来的感觉，19世纪末的存在感和组合方式赋予了室内以性格。

路易斯·海里·沙里文设计的西尔拉大厦（1891～1892）中的装饰不像其以后的作品那样显眼。其外观是在纵长的轮廓内进行垂直性分割，整体上好像是通常拥有基座、檐口的古典三段式多层办公楼被原样拉伸后演变成的高层建筑。通常看惯了的姿态由于极端的高起形态形成的紧张感使人联想起麦金托什的家具。沙里文赋予当时逐渐高层化的城市建筑以新时代的表现，在这种方法中能够体会到那种将要从大地和重力中摆脱的19世纪末组合方式的感觉。

沙里文的保证大厦（1895）代表着美国19世纪末的建筑。这是个古典的三段式构图，主要部分由柱和梁构成笼筐状。仔细观察，在林立的柱林中有些柱子并没有接触地面，和构造柱外观完全相同的非构造柱每隔一根混杂在其中；西尔拉大厦上垂直要素的密集效果可以说更加强调了它的作用。引人注意的是表面几乎全部做了装饰，虽然像是 19 世纪末的植物纹样，但不是体现生长的茎、干之类的连续性纹样，使人感到生命成长的形状被反复利用的、对称的、规则的花和叶的样式所埋没。而且，由于是在表面的粉土材料上直接雕刻，因此，所有的纹样都没有实体感。建筑整体上林立着超过必要数量的细柱，并且全部进行了雕刻装饰，缺少现实的存在感，表现出几乎没有重量感的表情，但却充满了"被拉伸"的紧张感。装饰纹样自身没有表达出植物向上高起的生命感，但作为整体，其形态使人感受到从传统建筑的压力中摆脱出来的 19 世纪末的"组合方式"。

奥托·瓦格纳的花陶大厦（1899）也是古典的三段式构图，整体被装饰所覆盖，但只有装饰主题表现生命的成长，作为建筑整体没有向上高起的效果。几乎在同一时期设计的两个作品，在这个意义上是对比的。但是，在以往的组合方式和 19 世纪末的组合方式的重合中，在装饰均起到重要作用这一点上是相似的。想像力深处的那个时代的氛围被植物装饰以外的、唤起生命感的"组合方式"所支配。

P·蒙德里安在 1912～1914 年之间，将树木抽象成直线要素的集合（P159）。同一时期，H·吉马德设计的办公楼（1914～1919、P169）也可以理解为尝试着用笔直的直线形态再现地铁站设计中的

查尔斯·伦尼·麦金托什的家具 他的代表作柳树茶室（1903）、山坡住宅（1904）等的室内没有直接模仿植物，通常看惯的形态被"明显拉伸"，特别的紧张感在起支配作用。

O·拉斯科的维也纳安吉尔药房 这是由1902年旧建筑的装修改造完成，表面描绘的天使唤起向上高起的19世纪末的感觉，只有这一点和花陶大厦相类似。

L·沙里文的西尔拉大厦（1892）（左） 数百年间看惯了的古典感觉，被基座和顶部夹住的三段式构成被明显地拉伸，给逐渐高层化的城市景观增加了新的紧张感。

L·沙里文的保证大厦（1895）（右） 每隔一根柱子加入一根和柱子完全相同材质的假柱，使垂直线密集，还有，全面雕刻植物纹样强调了被拉伸的存在感。

奥托·瓦格纳的花陶大厦（Majolica house）（1899） 整体上的古典三段式构图没有改变，只有表层装饰强调生命的成长，具有异样的视觉效果。

19世纪末的高起 各地的19世纪末建筑不论内外，从整体到家具都表现着各种各样的"高起"的感觉。在用植物装饰覆盖墙壁的时代，不仅仅是强调视觉效果，涉及"组合方式"和存在感的想像力核心也在发生变化。

安东尼奥·高迪的维森斯公寓
(1885)　　走向19世纪末期的
处女作，和30多年后的H·吉
马德事务所大楼类似，有着面
向街道、上部段状出挑的形
式。这是作者散步途中看到被
常青藤覆盖的房屋后得到启
发构思而成的。植物印象开始
改变涉及建筑形态的想像力
与组合方式的核心部分。

H·吉马德的巴黎地铁站 (1899～
1902)

H·吉马德的帕维尔犹太教堂
(1912～1913)

**H·吉马德的布列塔尼大街的事
务所大楼** (1914～1919)

巴黎地铁站直接模仿植物，实现充满生命力的建筑形象。正如在帕维尔
犹太教堂设计中看到的，19世纪末的流行即使逝去，只有"高起"的感
觉仍保留下来，乍一看觉得平庸的布列塔尼大街事务所大楼也重复着
"垂直高起、水平出挑"的表情。这样也就容易理解柯布西耶在这三年
后设计的使这种感觉更加纯粹化，寄托在一个箱型建筑上的雪铁龙Ⅱ住
宅了。相同的对比在以后设计的朗香教堂中也能看到，这个教堂即使类
似19世纪末的样式，但也没有采用自由的曲线形态，而是采用了19世
纪末保留下来的、新型组合方式的核心作为骨架的处理方法。

法雷住宅 (1907) 的挑檐

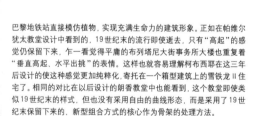

朗香教堂 (1955) 立面

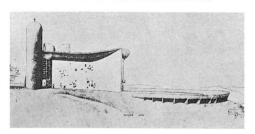

雪铁龙Ⅱ住宅 (1922)

树木似的形态。在巴黎人报报社总部设计（1904、P168）中，用抽象化曲线所表示的植物成长的生命力被分节，演变成台阶状。19世纪末产生的存在感由直线形态来表现。到此时，"匚型"和"冖型"，还有"冖型"和"﹨型"的出现也就顺理成章了。

安东尼奥·高迪的建筑处女作是维森斯公寓（1885）。也许由于业主是装饰瓷砖经营者的原因，建筑内外均用花卉样式等进行华丽的装修。但是建筑物本体是直线的，具有阶梯状出挑的轮廓。这是作者在散步途中看到被常春藤覆盖的房屋后产生的灵感而设计出的作品。奥尔塔大楼是创造最初的新艺术运动建筑九年前建造的，覆盖着繁茂植物的姿态寄托在伊斯兰风格的段状形态上，向上部探出，在石造的范围内表现着好像要覆盖住街道的姿态。这使人想起法雷住宅的挑檐和吉马德事务所大楼，19世纪末前后这种类似表现段状出挑的形态有着很深的根源。在这之后，高迪还是以自然为模特，并且已经意识到更深层次的含义，从而从根本上改变了他对建筑存在感的思考。

可以看出，郎香教堂（1955）的设计基础是从19世纪末就开始延续的，不是因为其曲线的造形而是指轮廓构成的对比感觉。应被称为后世纪末作品的吉马德事务所大楼将直立的向上高起与在空中的出挑两者做对比处理，郎香教堂也继承了这种做法。促进了近代建筑成立的最深层的形态问题，还集结了其他的生命力。因此，在无意识之中我们也能感受到一些出乎意外的名作。

小结　表层和主体的分离——从 19 世纪末的问题说起

　　和沙里文不同，瓦格纳的建筑不是作为整体向上高起的，花陶大厦（1899）在基座之上建造主体，顶部的檐口突出，是典型的三段式构成，但是并不显沉重。墙壁被强烈的红色植物样式所覆盖，顺着其向上的姿态，目光只在建筑表面游走，而忽略了其背后墙壁的重量感。即使是附加物也不是雕刻上去的，而只是在表面上描绘的美术图案，强调"没有厚度的外皮"的纯粹的二维存在感。在这里，装饰几乎全部覆盖住墙面，修饰着墙壁，而且主导着"表层自立"的视觉效果。整体轮廓暗示着扎根于历史样式的稳定的存在感，作为视觉效果，将新时代的轻松感中孕育生成的运动感融入其中。与完全对照的特征相重合，告诉我们过渡时期想像力的一种存在方式。

　　七年后的维也纳邮政储蓄银行（1906）中的植物装饰消失了，19 世纪末的流行已经逝去。建筑整体仍然是雄伟的三段式构成，虽然如石块砌筑一般厚重，但仍能看出轻松感，使人们马上就明白这个建筑不是石头造的，只是用薄石板贴上去的，露出安装板钉的冒头，夸张地告诉人们"石头只不过是建筑物表面的化妆品"，只强调"表层的一层薄皮的存在感"，给人以轻快的印象。在继续信赖传统的、惯用的、稳定的构成的同时，彻底使人只意识到表面，这种做法和花陶大厦相同。19 世纪末是用装饰覆盖，在这里是用薄板覆盖，都实现了"表层的自立"，尽管手法不同，但类似的效果在延续。19 世纪末利用装饰进行表达的概念在20世纪初期通过一层薄大理石板这种"现实要素的存在"表达出来，视觉效果向更加依从于实体的方法进化。这样一来，看上去就觉得厚重的传统形态像海市蜃楼一样，实体开始消失。

花陶大厦的花卉纹样夸张地表现着装饰的存在感，装饰好像游离在表层之上，使人感到背后的建筑本体完全是别的物体。即使是邮政储蓄银行，通常看起来不可分的一体化工作层，也看起来像是更加自由、很容易脱开的样子。在根植于大地的、确实存在的厚重本体上，它的从属的表层存在感开始伴随着视觉的差异而产生变异，充满了不稳定。只有外表皮迎合新时代而改变了性格，展现出薄而轻快的姿态，至于背后的建筑本体，由于还不知道赋予它什么样的性格为好而被保留下来。这样一来，和通常的建筑构成感觉不同的"表层和本体"的关系就建立起来了。

就像瓦格纳的作品轨迹一样，在19世纪末，借助装饰的流行使"表层自立"的效果非常显著，甚至提出了"表层和本体分离"的形态问题。作为19世纪末保留下来的东西，存在着和前面提到的吉马德事务所大楼（P169）所应用的"组合方式"不同的问题。在萨伏伊别墅设计中所确定的多米诺体系和五原则，其核心就是在如何将外皮从构造体中独立出来这一点上下功夫，从而形成崭新的形态世界。近代建筑在将"表层和构造体分离"这样的构想作为基本特征这一点上和19世纪末是连续的。

奥托·瓦格纳的维也纳邮政储蓄银行（1906）　七年前的植物装饰 (P174) 消失了，露出安装石板的铆钉，作为"附加物"，只强调一层表层的存在感。遵循古典三段式构成的庄重外观好像忘记了背后的沉重身躯，看起来似乎没有实体的存在。

"表层"和"本体"的分离　19世纪末的建筑均用装饰完全覆盖，只强调表层的存在感。即使取消装饰，主张表层和本体不同存在感的感觉仍保留下来。这就是所说的"构造和表层的分离"，是后来的近代样式基础的构思并与之密切相关。

瓦格纳一生都遵循着三段式构成等处理建筑形态的传统方法。比起革新家来，称他为保守的古典主义者更为贴切，他的作品直到最后都保留着装饰。而卢斯却指出"装饰就是罪恶"，他设计出不仅没有装饰，甚至连檐口都没有的箱式住宅，并准确预言出将来的建筑样式。但是，瓦格纳实现了和卢斯不同的"表层自立"之类的原理性特征的萌芽产生。在这个意义上，瓦格纳的设计轨迹更有意义，他确定了19世纪末提起的形态问题向近代样式发展的方向。

19世纪末的样式很快被厌烦，好像一个插曲，但它却打下了因强烈视觉刺激而刷新想像力的基础，保留下涉及建筑存在感的想像力深处的重要变化。在19世纪末，建筑如何变化？舍弃植物装饰之后还保留下什么？和近代样式相比较，可以确认该世纪末的特征有两种类型：

(1)"垂直高起、水平出挑"类的组合方式（H·吉马德等）；

(2)"自由表层＋不自由本体"类的构成感觉（奥托·瓦格纳等）。

以上就是作为巨大变革期开始的19世纪末所提到的形态问题的内容。拒绝过去，寻找新的形态世界，尚处在还看不到可以充分信赖的事物的摸索期，过渡期中不稳定的想像力世界就是从这样具体的特征开始的，柯布西耶也在其中。

结论 幸福的相会与最后的梦想

在推动近代建筑诞生的20世纪20年代，柯布西耶的设计轨迹中不可缺少的轮廓和配角，以及由此直接演变的思想和产生的丰富的构思，支撑着丰富的建筑表现，革新的内容就是这样与成熟相联系的。即使在柯布西耶的晚年成熟期，他所创造出的近代建筑样式最生动的形态生命力也在延续，保持着独自性。单有才能和个性是不充分的，微小的创作萌芽与时代潮流产生共振和共生，才是柯布西耶的创作起点。

(1) 起点所见——时代潮流与故乡的坡地

20世纪后半期开始重新评价19世纪末的艺术。完全被拆掉的建筑很多，奥尔塔的公众会馆（1899）和吉马德的阿尔贝尔·德·罗曼音乐厅（1901）等纪念碑似的大作现在已不存在了。表层形态的新颖度和爆发性流行的事物容易被厌烦，再后来就变得讨厌。直接映入眼帘的特征是寻找新奇的多彩变化，这也容易被舍弃。但另一方面，伴随着身体深层感觉产生的、构筑建筑整体存在感基础的想像力部分却很难改变，如果一旦变化，就会长时间延续，而且会在背后支持表层的变化，建筑形态的鉴欣难度和欣赏乐趣之一就在这里。

19世纪末的建筑通过植物形态唤起的不是紧贴大地、被压缩的存在感，而是高起的、积极向周围扩张的存在感。和中世纪的哥特式建筑不同，虽然在向上高起、在上空出挑等这些方面有相似之处，但19世纪末的建筑不闭塞，向外开放，直接和城市对话，建筑采用这种自由、积极的姿态，使人感到惊讶。这个"组合方式"的新颖度至少应该涉及到同时代想像力问题，用深层的身体感觉体验到的东西是很难消失的。但是不能依赖植物形态，即使只有组合方式的紧张感保留下来，也不能马上通过别的形态来表现它。特别是通过几何形态来表达是比较困难的，因而下细功夫是必要的。可以想像这就是这一时期的实际课题之一，虽在不断地寻求新的建筑形象，但却不能看到具体的结果。

柯布西耶在20世纪20年代作品的特征，以及延续到晚年的个性部分都是以 19 世纪末改变的建筑组合方式为基础的。在唤起几何形态"高起、出挑"的感觉上下功夫，使柯布西耶构想出"冂型"、"冂型"、"冖型"等原型。

瓦格纳设计的邮政储蓄银行的主体为混凝土结构，但是从外观上是感觉不出来的。只用表层承担着和新时代相适应的表情和紧张感，构造体本身被保留在其背后。而八年后产生的多米诺体系就是能唤起这种"从内部支持建筑形态想像力"的全新的方法。19 世纪末获得的自由的"表层"，在 20 世纪开始后不久，由于没有得到来自于建筑内部的保证而被不稳定地孤立在建筑外围。只有涉及表层的视觉效果是全新的，而本体自身给人的感觉则没有跟上发展，形成了分离的建筑意象，这是由多米诺体系所决定的对"支撑高起的地板和出挑的墙壁"这种适应新时代想像力的证明。以 19 世纪末开始的"本体和表层的分离"状态为前提，自由的表层采取几何轮廓，内在的存在感获得像树木那样积极的张力，直至达到一种新的统一。

白色箱型样式与传统建筑形象相反，同时也可以说是 19 世纪末处理建筑形态问题的一种整合结果。只用一层轻盈的表层组成独立的长方体，背后是利用新技术从可能的内部产生的积极存在感来支撑。奠定近代形式基础的"表层自立"和由此支持的新颖外观是新一代植物组合方式贯穿内部构造体产生的一种形象。转换期不稳定的想像力，通过将新的构造技术和几何图形作为模型这种方式，对由植物形态所提出的问题进行了解答。

现代建筑形态的方向性转变从19世纪末期开始，到20世纪20年代几乎结束。柯布西耶处在最后的完成阶段，因此，他在无意识之中肩负起使新形式的产生和19世纪末相连接的任务。从将植物观察和几何图形结合开始，回应新形式生命诞生的深层部分，进而进入成果丰硕的时期，完成了现代形态生命力的最后加工和应用。在这个意义上，典型地体现出近代建筑的连续层面。

柯布西耶在30岁时左眼失明，使他更加注重用身体的感觉来捕捉立体的存在感。受惠于以前在坡地上的生活、成长经历，这种全身充满了对坡面的感觉在其幼年时代的每一天都有切身的体会。在紧张中包含着身体前倾的运动感，暂时静止的紧张并不是被动的，它给人以向周围施加影响的感觉，这与19世纪末提出的组合方式相符。柯布西耶极其自然地用身体最深层的部分去理解、接受时代想像力深处的变化及变化所带来的东西。斜坡上生长的枞树姿态让柯布西耶投入更深的感情，法雷住宅立面和墙面装饰中象征性的东西应该"既是树木，又是几何图形"。在养成信赖几何图形的同时，另一方面他也深刻地体会到了植物的生命感，在这样的时期和场所，经过多愁善感的年龄段，作为创造者，柯布西耶形成了自己的特色。在19世纪末的影响还记忆犹新的时期，地形能够增加它的变化深度，我们可以感受到潮流、场所和个性之间的一种丰富的关系。在柯布西耶的事业起点上可以看出时代、风土、个人三者之间具体的结合。

(2) 卷起的端部——另一种执著

前川国男设计的神奈川县立青少年中心（1962）的立面和柯布西耶设计的昌迪加尔议会大厦（1951～1964）很相似。低层部分，向前方出挑且反卷的巨大屋檐迎接着来访者，在其背后耸立着楼体的高层部分。但是，由于这个高层部分汇集了多种功能，采取了复杂的形式，因此和昌迪加尔议会大厦单纯的"竖向高起"的筒状形体差距较大，主体部分的立面也看不出"匚型"，构成大体上相似，但对比效果非常弱，不如说它重视的只是对反卷屋檐的追求。京都会馆（1960）和东京文化会馆（1961）也有同样的表现。另一方面，在纪伊国屋大楼（1962）中，也堆集了几乎同样的屋檐，构成那个时代的城市建筑(P99)。柯布西耶在表现对比时，只使用一个方面，而这个时期，其他建筑师随之模仿的作品很多，反卷的屋檐是其魅力性的一个表现。这一点在朗香教堂（1955）的设计中也能看到，可以说是柯布西耶后期作品中最引人注目的特征之一。

就像迄今为止所看到的一样，从柯布西耶延续的轮廓和配角中能够解读出其作品整体的关键性效果和表情，但是从中很难说明其部分的特征。这些细部的、个性的表现处理不是连续的。作为成熟巨匠的敏锐之处，是使人们看到加工后的细部呈微微卷起的形态，可以将其理解为战后雕塑造型的一贯风格。

在 20 世纪 20 年代能看到一些很有趣的例子，例如，从斜前方眺望雪铁龙住宅(1922)，就会产生类似昌迪加尔议会大厦的效果。向前面探出的部分呈欢迎状，同时也能看到背后向上高起的

前川国男的京都会馆（1960）·**神奈川县立青少年中心**（1962）　前川国男设计的一系列向上卷起的屋檐极似柯布西耶的个性化形式。

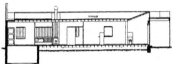

雪铁龙Ⅱ住宅（1922）（上左）·**莱蒙湖畔住宅**（1925）（上右）·**朗香教堂**（1955）（右）·**昌迪加尔议会大厦**（1964）（下）　全部都反映出"匚型"。"向前方出挑"和在背后的"竖向高起"形成对比是其特征，再有，所有的突出部分都是向上卷起的。在原型基础上加以骨架化的东西，伴随着对细部表情的执著追求，从两个方向具体地促成了这种构想。

卷起的端部　不仅是轮廓和配角，某些特征性部分的表情也在反复运用。对涉及存在感的原型和视觉效果的执著，支撑着构想框架的延续。

体量，用到目前为止所看到的延续的"凸型"和"厂型"就能说明这样的对比。特别是雪铁龙Ⅱ住宅高度的原型化，是明快地处理"凸型"轮廓后得到的形态。不过，惟一只有阳台的栏杆采用斜面形式，破坏了由直角支配的统一感，给人一种不协调的感觉。柯布西耶也许在感觉上讨厌全部的直角形态和过于严格的切断形态，所以，这里没有其他箱型住宅中屡次采用的、和整体长方体形成对比的曲面。在过于简单化的原型上，希望有某些"游戏部分"的表情来感受他的这种意图。但是从效果上看，能使人感受到的仅仅是这个栏杆所具有的"创造变化"之外的个性。从侧面看上去，突出在面前的物体前端产生向上卷起的效果，昌迪加尔议会大厦的屋檐决不是柯布西耶后期特有的东西，原型的感觉在30年前就已经存在了。朗香教堂的外观也是在使人看到背后的塔的同时，也能看到作为主角的屋顶在正面向空中出挑、在前端反卷。柯布西耶后期自由造型中醒目的"反卷"细部也是"凸型"和"厂型"等的延续，看得出来，它们从20世纪20年代就已经开始被柯布西耶运用了。

这样一来，斯坦因住宅（1927、P86）入口上部的挑檐也可以被看做是"反卷"的先祖了。该住宅初期方案中屋檐是水平的（P52），在实施方案中改为倾斜的，这也许是为了强调建筑主体是纯粹的立方体，因此作了容易摘取的附加物一样的表现效果吧。但是在"向正立面方向出挑、卷起"这点上，能体会出它们共同的感觉。并且，在此前两年设计的莱蒙湖畔住宅（1925）中也采用了几平同角度向上翘起的屋面板。

这个小住宅在最小规模的箱型上重叠着"厂型"和"匚型"。作为小的一居室住宅，它有着超出想像的复杂构思 (P82)，有意思的是，在基本轮廓之上使屋面板的一部分翘起，也许是为了采用高窗，使早晨的阳光进入卧室吧。但是，这个翘起在直角起支配作用的剖面形式上产生了惟一的变化，使我们能感受到其中纯粹的形态性意图。从正侧面看，细长的白色箱型在你面前突出，背后是垂直的板状竖立在那里，这是"匚型"的基本形态。再有，其屋顶的翘起使人感受到和"后期的反卷"同样的感觉。和昌迪加尔议会大厦相比，特别是其初期方案的立面相比是极其相似的 (P133)。在小住宅用地内和建筑整体水平突出形成对比的较大的竖向墙壁，30年后演变成朗香教堂的采光塔；屋面板的翘起发展成为贝壳似的教堂屋顶。在构思教堂时的想像力中保留着设计莱蒙湖畔小住宅时的某些概念，伴随着形态之前的构思骨架，细部的感觉也在延续。

只把朗香教堂看作是柯布西耶想像力最深处延续的存在感得以自由解放而形成的形态好像不够充分。伴随着以前对这种轮廓构想的执著探索，当初微小的卷起逐渐发展成夸张性的建筑表现，在最终映入眼帘的形式中，从早期开始的某种执著一直在延续。骨架性效果和支撑其效果的细部表情，或者是身体感觉的效果和支持其效果的视觉性形态，这两方面都是柯布西耶的个性根源，它们保证了柯布西耶在设计领域中非常自由、独立。

(3) 一致的前端与被解放出来的对比——费尔米尼

　　好像是突变性出现的朗香教堂（1955），其实可以说是将以前所进行的各种各样的创作准备高度统合的结果。如果是这样，就应该看到它的起源，例如，贝沙克居住区摩天楼型住宅（1926）的立面（P44）含有微妙表情的预言性成分，整体的"高起、出挑"这样的对比是共同的。中央的"ТГ型"是立在两个住户范围内互为相反方向的屋顶阳台，这使人直接联想到在朗香教堂的剖面中和出挑的屋顶交差的两座采光塔（P67右上），那种"在背后会合向上高起"的感觉是相似的。

　　摩天楼型住宅和朗香教堂也有类似的细部。在上空出挑的物体对着在正面高起墙壁的上端，使前端一致。前者以空中的"╲型"伸向街道，停止在和墙壁上端一致的墙角处；后者是向上反卷出挑的屋顶和向外卷起的墙面在空中的一点汇合。萨伏伊别墅的"中型"剖面草图中，斜坡道面对着空中长方体的前端上升（P62），两种不同的运动使前端一致形成张力。白色箱型建筑和自由雕塑般的造型，尽管采取的形态性格各异，但处理时对细部的刻画是共同的。和前面所看到的"反卷"一样，乍一看虽不同，但个别部分建筑表情的紧张感仍在延续。这不能说是偶然为之，但可以说是某种"感觉嗜好"，它担负着用"┠型"和"┌型"的组合方式突显其个性化的作用。在这里可以看出，扎根于身体感觉深层的骨架性特征与细部所引发的视觉效果这两者之间建立了

  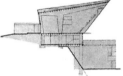

贝沙克居住区的摩天楼型住宅(1926)(左)·朗香教堂（1955）（中）·费尔米尼文化之家（1965）初期方案剖面图（右）　这些建筑的共同之处是从地面开始向上伸展的墙壁的顶部与在空中出挑部分的前端相一致。对细部的执著，支持着最终的建筑形态。

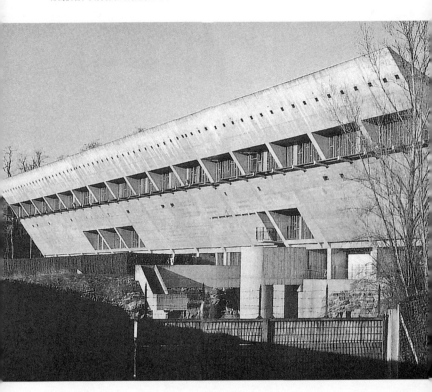

被解放的对比　原来在"匚型"等单个建筑内的内在对比，直到最后一年才被分离出来，而作为几个建筑物之间的对比，担负起城市效果的一部分，更进一步的展现刚刚开始。

费尔米尼的教堂模型 朗香教堂所采用的对比消失了,极其单纯的"纯粹的向上高起"的效果起着支配作用。缺乏过去造型的力度,形体过于简单而略显不足,只有出挑的费尔米尼文化之家也是同样(左)。

费尔米尼的体育场 (1969)(下) 在晚年的费尔米尼规划中,柯布西耶的个性变弱了。

费尔米尼的规划模型(后面是文化之家,前面是教堂)过于简单的两个作品主张对比的性格,过去的对比效果在城市尺度上重现。

费尔米尼文化之家 (1965) **外观** 最终采用悬吊结构,和昌迪加尔议会大厦等相比,被"只有出挑"的效果统一的建筑整体没有对比效果。过于简单的形态使形体不够充分。

费尔米尼教堂现状 设计者去世后开工建设,因工程费不足而突然停工,这种状况持续了30多年。

191

某种联系。它一方面以延续存在感的对比为背景来进行构思，另一方面，以直接唤起独特视觉感的细部表现的具体处理方法为手段来整理形态。执著于寻求基本骨架和视觉效果两者之间的关系，在前提和结果这两个端点，柯布西耶有着特有的形态判断。在确保这样两个端点的范围内，形态想像力变得更强，也得到更加自由的发展。

费尔米尼文化之家（1965）是朗香教堂创作10年之后的作品，其实施方案是悬吊结构，在初期方案中，采用的是由倾斜状"Γ型"组成的架构。为使从斜面伸出的梁的前端引人注目，墙壁从下面倾斜着上升，采用前面提到的"前端一致"的构思直接创造出建筑的整体轮廓。因此，建筑剖面倒台形的特殊形状也决不是突然变异构想出来的，可以理解为是在前提和结果这两个端点中直接建立与延续性手法的关系后得到的结果。

作为柯布西耶的作品，特别是作为后期的作品，它显得过于简单，看上去它使人感受到高起和出挑统合为一体的整体形态。的确，由于采用了悬吊结构，效果更加被强调了，但同时因为结构的变化，暗示"垂直"和"高起"的形体也在一直变弱。在初期方案中，内部的中央柱子是并列的，和在空中突出的梁形成对比，强调的是"Γ型"的基本效果。但是由于采用悬吊结构，内部的柱子被取消了，对比的效果也随之消失。与昌迪加尔议会大厦（P186）相比较，相当于雄伟向上的议会大厅部分的效果完全消失了。在费尔米尼文化之家设计中，其整体形态只表述了议会大厦前面屋檐部分的那种出挑效果，延续的对比在消失，且变得极其简单。柯布西耶的晚年，从最早期创作开始养成的执著变得弱化起来，这件作品也许正揭示了柯布西耶创作力的减弱吧。

费尔米尼因战争而遭受到毁灭性的打击，在它的复兴规划中，实现了柯布西耶晚期的多个作品。柯布西耶死后完成的费尔米尼公寓住宅（1968），只有出租型住户，底层架空和屋顶造型被弱化，远不及马赛公寓的独特性；体育场也缺乏特征，从中也能感觉到其创作力的衰退。其中，费尔米尼的圣皮耶教堂采用了引人注目的巨大圆台体量，从它的地区模型图上看，探出巨大身躯的文化之家和这个"向上高起"的教堂形成了强有力的对比。教堂相当于昌迪加尔议会大厦的议会大厅部分。以往的对比效果在这里不是在一个建筑物中，而是依托在两栋建筑作品之上完成的。柯布西耶延续的思想深深根植在身体感觉中，因此能保证以单个作品来完成作品的个性，但是在这里，这种感觉更加自由开放。对比首先出现在"凸型"建筑上，它根植在一体化的箱型中；在贝沙克居住区的摩天楼型住宅中，依靠各自的配角；经过夸张的昌迪加尔议会大厦，赋予其城市空间特征，向分别在两栋楼之间的对比转化。多产的创作契机加上长时间的进化，产生出了最后的飞跃。

由于建设的中断，造成了教堂上部好像被切掉一样的状态。失去的不仅是一栋宗教建筑，而是柯布西耶一生追求的、最后在梦中实现的"城市空间轶序的对比"。

后记

学生时代旅欧，最早拜访的柯布西耶的作品是瑞士学生会馆，尽管记得它是个"空中的玻璃盒子"，但首先出现在面前的却是封闭的石砌墙壁。只能略微看到底层被架空，对通道而言是背向的，绕过去好不容易才看到照片上那熟知的形体；接下来访问的是萨伏伊别墅，最初看到的外观和留在脑海中的"空中的盒子"的印象有些不同。底层架空只是在两侧，出现了更接近于"垂直竖立"效果的立面，记忆深刻的形象却是相反的一侧；即使看到其晚年的拉杜瑞特修道院，柯布西耶所说的构想的出发点——空中居住体，在通道一侧也不太醒目。首先出现的是无窗的"巨大垂直面"，而空中居住体从相反的方向升起。

这些都可以理解为是柯布西耶在强调独立支柱的效果上下功夫，柯布西耶将重要的东西"先隐藏起来，然后再让人看到"，但很难想像这种手段具有多次运用一直沿用到晚年的重要性。实际上，魏森霍夫联排住宅就相反，首先看到的是独立支柱上部的白色箱体，然后是垂直的塔和墙壁控制着的背面 (P58)。朗香教堂也是同样，在正面时，空中的大屋顶最醒目，在背面时，只能看到少许檐部，塔和墙壁起着支配的作用。这样，与其说是"展示方法的演出"，不如说是"对整体形态的执著探索"，拥有正面与背面对照的表情，保证了作为建筑整体形态的、柯布西耶独有的存在感。将独立支柱仅仅理解为作为向空中升起的手段好像是不充分的。涉及到整体，融入一部分更大意图的侧立面也是重要的吧？基于对这些细小的、但是具体的疑问的探索是撰写本书的一个出发点。

关注19世纪末的建筑，思考花卉纹样的流行后来是如何转变为白色箱型样式的。我们大概可以这样来理解，覆盖墙壁的装饰作为视觉效果，几乎只强调"表层存在感"，这和"用一层薄薄的外皮表达感情"的现代建筑的想像力是相连续的。但是我感到只用这个"表层自立"来指出新形式诞生的"连续的相位"是不充分的。两年多前，我初次访问柯布西耶故乡的陡坡地时，在来回走动之中，以前相互分离的各种线索自然地结合组织在一起，本书的框架体系也开始具体化了。

作品作为作者特有的创作构思结果而存在。优秀建筑所拥有的，使人愿意多次前去参观的魅力是因为其解决了超出一般建筑的高度形态问题而产生的。从这种作为结论的建筑作品的具体特征出发，去推测、研究其应该经历的创作问题是"形态论"的基本方法。的确，柯布西耶的创作活动有很多重要的背景，他所留下的语言也拥有丰富的影响力，但是从这些之中未必能察觉到与实际创作的联系。首先应该相信的是在现实中能看到的那些具体结果，从中能读出问题来。想向某位建筑师学习时，应采取从其作品的形态开始，重视其中反映的问题这种方法，并注意观察看似很细小的特征，体味其中蕴涵的几乎好似无意识的执著，对由形态而表达的语意给予最大限度地倾听。将各个作品作为整体来重新阅读是创作者理解一个建筑师的基本方法。

在重新思考现代建筑如何诞生之际，从细部开始重新评估其背

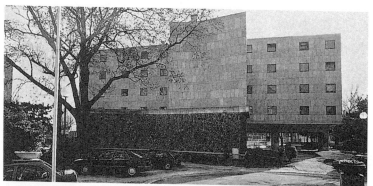

瑞士学生会馆 (1932)

萨伏伊别墅 (1931)

拉杜瑞特修道院 (1959)

直立封闭的墙　这三个作品对来访者都呈现出背向的姿态，这使人感受到在柯布西耶想像力深处有着关于建筑形态、基本构成方法的独自的、持续的追求与执著。

景和著作，对我们不太了解的作者是重要的。但是即使在好似看厌了的作品中也会有新的发现，以此出发进行再思考是有效的。对具有极深奥创作性课题的作者和作品，以不同的视点来审视，肯定会看出其中不相同的重要性。

在时代发展的潮流中，细部联系着现实作品的具体特征，这一结论可谓正确。从细部得出的种种启示作为问题的提出，唤起了众多的疑问，时常能窥视出建筑师深层的持续创作思想。再进一步联想，扩大想像力，启发出和至今所知道的完全不同的概念来，整理出其他的关联线索，这就是要特意去遥远的地方参观在书籍、照片中经常看到的建筑物的乐趣之所在。

在此对给予我正确指导，直到最后帮我完成出版的富重隆昭先生表示感谢。

越后岛研一
2002 年 1 月

A．整体轮廓的原型 　主要指通过立面和剖面的外形轮廓获得的单纯的形状特征。整体的组合方法等的基本点在于支撑各种具有个性的形态效果，创造建筑的性格。广义上说"喜好的轮廓"蕴涵了极深的创作背景，因而具有重要性。

⌐型

横凸型

由一体化的箱型表现"从大地垂直高起"和"在空中水平出挑"之间的对比。它开始于绘画上的瓶子等物体，派生出以下八个原型，因而成为"原型中的原型"。"垂直的箱体"和"水平的箱体"做同等对比的雪铁龙Ⅱ住宅（左）是一个典型，在贝沙克居住区中有更多的实例。战后，直接反映这一类型的作品很少，但我们通过朗香教堂（右）仍可看到它的影子。(P49)

雪铁龙Ⅱ住宅 (1922)

朗香教堂 (1955)

「型

反 L 型

整体上说，在"垂直的箱体"和"水平的箱体"对比这一点上它是"⌐型"的变形。不向上突出，因此"垂直高起"的效果较弱，剖面上多能看到"一端扎根大地，一端水平出挑"这种稍有些不同的性格。始于雪铁龙住宅之前的特鲁瓦住宅的剖面、艺术家住宅（左）是其典型表现。马赛公寓的一个住户单元（右）的部分特征以及立面和构造形状都表现出了这一点。此类型简单且实例众多。(P53)

马赛公寓的一个单元 (1952)

艺术家住宅 (1922)

中型

十字型

"垂直高起"和"水平出挑"相交叉，在各种个性做强劲对比这点上，它是"⌐型"进化的极点。他并没有就这么如此构成的建筑外观，而是将其作为一种潜在的建筑骨架的构成使其存在，纯粹派绘画上轮廓的不断重叠交叉是它的萌芽。它构成了萨伏伊别墅（左）的"在空中独立"的主角，朗香教堂也有类似的剖面形式（右）。这样的例子虽然较少，但从相隔1/4世纪的两个代表作的共同点上仍可看出它的重要性。(P62)

朗香教堂 (1955)

萨伏伊别墅的草图 (1929)

"勒·柯布西耶建筑创作中的九个原型"一览

到萨伏伊别墅为止，20世纪20年代的柯布西耶喜好纯粹的立方体。但是，从留下来的建筑作品看，他并不是仅仅将"几何学的完美"作为目标。比简单的长方体和立方体更复杂的"个性原型"这一形态的承袭很少见到。通过这些例子可以知道柯布西耶是如何思考建

B. 立面效果的原型　与A所具有的整体特征不同，它主要表现为特定外观的个性化，是由出挑和后退效果带来正面等的独特表情的基本类型。下面三个类型也可以从"具有出挑的箱体"和"□→型"的关系作为基本点来理解。

回字型

它是"□→型"的变形，但重要的在于箱型中央重叠小箱型所构成的"回型"构图，施沃普住宅（左）是它的萌芽，贝斯努斯住宅是最小的立体"回型"，普拉内克斯住宅（右）是白色箱型的典型化。柯布西耶个性的原型成为十九世纪末期的流行元素之一。瓦格纳的手法特征是这个类型的鼻祖，它预言了和大地相对的空中形式的完成，A·卢斯也在同时期创作了许多此类作品。（P82）

普拉内克斯住宅（1927）

施沃普住宅（1916）

横凹型

是"回型"构图的中央对折，在揭示"透空长方体"这一点上，是和"□→型"有共同基本点的逆转型。它的起源来自于故乡的艺术家工作室这一作品，后来在别墅型公寓住宅上重复多次，并确立了它的原型地位。奥赞凡特住宅是其中的一个变化，斯坦因住宅在庭院一侧多次重复了这种原型。它和创造了战后风格与方向变化的阿尔及尔集合住宅基本类似。（P28）

阿尔及尔集合住宅（1933）

别墅型公寓住宅（1922）

衣柜型

基本特征是由两侧没有窗户的墙壁围合成不封闭的形态，在两块墙面围夹下强调前后方向"突出与后退"的运动感，也是"□→型"和"回型"的复合形的进化。莫斯将其命名为"衣柜型"，施沃普住宅是它的萌芽，在斯坦因住宅（左）上实现了原型化。1920年代柯布西耶强调的是几何学的凹凸效果，而到了战后的昌迪加尔高等法院（右）时则变成了强调自由的雕塑感。（P143）

昌迪加尔高等法院（1953）

斯坦因住宅（1927）

筑的，功能、形式等等都可以作为表现作品的直接而实际的手法。同时代中这些表现的独特性，不是通过一幢建筑的尝试就得出来的。九个原型的产生始于在家乡的创作探索，到巴黎后的20世纪20年代进化生成为众多的成果，到他的晚年时还隐隐可见。一方面它有种种变化，同时又保持和延续了原型的基本特性，它们支撑着对这些单体形态的分析和判断，保证了柯布西耶的创作世界的个性化。

C. 配角的原型 所谓配角指的是给予建筑本体以独特表情的附加物。虽然它们自身只有部分特征，但产生的效果保证了建筑整体的个性存在。它并不是单独使用，"主体＋配角"（凸型）、特别是"配角组（◥型＋帀型）"的选择是很重要的。

唐金型

为实现"空中长方体"而形成楼梯的上升，代表性的组合是"主体＋配角"。独立的几何学的最终形态被赋予和大地紧密连接的楼梯，获得建筑的最小限度的独特性。从背面的楼梯到"空中的矩形墙壁"，施沃普住宅是它的起源。唐金住宅（左）作为最早的例子，是这个类型名称得来的缘由，鲁西亚住宅也是其典型例子，国立西洋美术馆（右）也是巨大化的"凸型"。设计过程中包含有这种类型的实例也很多。(P36)

国立西洋美术馆 (1959)

唐金住宅 (1924)

梯段型

坡道和楼梯贴附于主角的侧面，重叠产生斜向的运动感和出挑的组合个性。从地面通过一个坡道或楼梯上升，是空中独立的例子。波瓦瑞住宅（左）中从地面抬起并在空中出挑的基座部分是它的起源。从雪铁龙住宅侧面的附加物，到贝沙克居住区的建造，其实例子众多（右）。在晚年的大作昌迪加尔议会大厦上，侧面的坡道也表现出了立面的个性化 (P92)。

贝沙克居住区的古利纳型住宅 (1926)

波瓦瑞住宅 (1916)

屋面板型

主角顶部独立的板，由细细的支柱支撑起来，在箱型上重叠出"竖向高起"的表情。作为屋顶附加物的例子，有在整体的长方体轮廓内做板形竖向高起效果的实例，多米诺是它的起源。在贝沙克居住区中有四种住宅是此类型，库克住宅（左）和贝泽住宅在初期的方案中是在整体轮廓内来体现的。柯布西耶中心（右）以一连串的"◿◺型"屋顶形成夸张的变化 (P125)。

柯布西耶中心 (1966)

库克住宅 (1926)

补充 "◥型＋帀型"（配角组合的典型例子） 两个代表性配角——"帀型"和主要是坡道的"◥型"，保证了对建筑整体的个性形态世界的控制，是所谓"组合效果"的原型 (P116)。

列吉展览会法国馆 (1939) 因为是临时建筑，几乎就是由"◥型"和"帀型"这些配角构成的，从创作初期延续下来的原型集中了纯粹的形态效果，构成了透空的部分。贝沙克居住区的摩天楼型住宅因"◥型"和"帀型"而赋予箱型个性

化，以"垂直高起"和"水平出挑"的对比来形成建筑的表情，这一点与"凸型"是相同的。以不同的手段创造相同的效果，这就是九个原型的内涵。

作品年表索引

本索引中的作品采用缩略名，并附上了全集等著作中的原文；

竣工时间因资料不同可能致使时间不一致，原则上以晚些的年限为准；

页码分为文章页（只有文字）和图版页（图片和说明性文字）。

照片出处 (数字代表页数，上、右等表示位置) 下面以外的照片均出自作者的摄影

P7右2张、P29左上、P36右上、P37右上、上上、中左、P49左上、上上、中上、P62下左、P66上右、P67上、P77中左、P82上2张、P99上数第2行、下左、下数第2行、P102上右、P112上右3张、P116全部3张、P117上上、下左、中、P121上数第2行、P125上右、上下2张、P153上数第2行右、P143下右、P147中右、P151上上2张、P175下左 "全集"=OEuvre Complete,8 volumes，Artemis Zurich

P22上右 (《ル・コルビュジエ作品集》洪社社1929)

P41下 (V.Scully 'THE SHINGLE STYLE TODAY' New York 1974)

P49中右 (B.B.TAYLOR 'LE CORBUSIER ET PESSEC' FONDATION LE CORBUSIER 1972)

P59中右 (Post Card by S.P.A.D.E.M.1973)

P9上右 (W.Boesiger 'Le Corbusier' Artemis Zurich 1972)　　P106中左 (Post Card by Steve Rosenthal 1989)

P129上左2张 (建築文化9801)　　P102中 (ル・コルビュジエ展1990東郷青見美術館カタロダ)

P102其他的图3张 (ル・コルビュジエ展1996～97カタログヤッソ美術館)

P155上右 (F.L.Wright 'AN AMERICAN ARCHITECTURE' Horizon Press,New York 1969)

P155中右、P174中右 (J.C.Gacias 'SULLIVAN' Hanzan 1997)

P159下4张 (世界の巨匠《モンドリアン》美術出版社1971)

P168中P169上右 (Hector Guimard,Monograph 2,Academy Editions 1978)

P174上4张 (R.Billcliffe，'MACKINTOSH FURNITURE',Gameron Books 1984)

P191左下倒数第2张 (A.Eardley，'Le Corbusier's Firminy Church',New York 1981)

图片出处 (数字代表页数，下左等表示位置) 下面以外的图片均出自《全集》

P16中 (建築文化9801)　　P17上、P62下右 (ル・コルビュジエ著、古川達雄訳"闡明"二見書房1942)

P36上左、P53上右 (B.B.TAYLOR 'LE CORBUSIER ET PESSEC' FONDATION LE CORBUSIER 1972)

P44～45 (QUARTIERS MODERNES FRUGES,VILLE DE PESSAC 1995)

P49下右、P72上左、P77上左、P143下左、P164中2张 (G.H.Baker 'Le Corbusier an Analysis of Form' V.N.R.1984)

P53中左 (LE CORBUSIER SELECTED DRAWINGS,Rizzoli 1981)

P66上左 (The Le Corbusier Archive 32 volumes,Garland 1984)

P82中 (T.Benton 'The Villas of Le Corbusier' Yale Univ,P.1987)

P86下 ("ル・コルビュジエ作品集" 洪社社 1929)

P96下2张 (T.Garnier 'Une Cité Inidustrielle' P.Sers,Paris 1988)

P106上左 (E.F.Sekler,W.Curtis 'LE CORBUSIER AT WORK',Harvard University Press 1978)

P155 Wright的图片 (F.L.Wright 'AN AMERICAN ARCHITECTURE' Horizon Press,New York 1969)

P155下左2张 (R.W.Marks 'THE DYMAXION WORLD OF BUCKMINSTER FULLER',Double day,New York 1960)

P158下 (G.H.Baker 'Le Corbusier Early Works' Academy 1987)

P164下左 (W.Boesiger 'Le Corbusier' Artemis Zurich 1972) GA

引用文献

全集是指《ル・コルビュジエ全作品集》全8卷 (吉阪隆正訳、A.D.A.EDITA Tokyo 1979)
书中所用作者名引自下列译著：
S.モース《ル・コルビュジエの生涯》(住野天平訳、彰国社 1981)
G.ベイカース《ル・コルビュジエの建築》(中田節子訳、鹿島出版会 1991)
W.カーテイス《ル・コルビュジエ》(中村研一訳、鹿島出版会 1992)

作者简历

越后岛研一

1950 年　生于神奈川县

1974 年　早稻田大学理工学院毕业

1981 年　东京大学研究生院博士毕业

现　在　越后岛设计事务所主持

　　　　东京大学工学部助教、工学博士

主要著作《世纪末的中、近代——奥托·瓦格纳的作品和手法》

　　　　《建筑形态的世界——走近勒·柯布西耶》

　　　　《建筑形态论——世纪末、佩雷、勒·柯布西耶》

译者简介

徐苏宁

1957 年　生于南京市

1982 年　哈尔滨建筑工程学院建筑学专业本科毕业，获学士学位

1989 年　哈尔滨建筑工程学院硕士研究生毕业，获硕士学位

2001 年　哈尔滨工业大学博士毕业，获博士学位

现　在　哈尔滨工业大学教授，城市设计研究所所长、博士生导师

吕飞

1972 年　生于哈尔滨市

1993 年　哈尔滨建筑工程学院城市规划专业本科毕业，获学士学位

1996 年　哈尔滨建筑大学（原哈尔滨建筑工程学院）硕士研究生毕业，获硕士学位

2001 年~2003 年　日本千叶工业大学高级访问学者

现　在　哈尔滨工业大学博士研究生，建筑学院讲师

从柯布西耶的作品中可以看到超越纯粹几何学形态的个性特征。以下九个原型，产生于柯布西耶在故乡的创作探索期。经过20世纪20年代的成长，到柯布西耶晚年时得到了充分的拓展，可以说它们是支撑和主导柯布西耶创作方向，并"延续一生的原型"。

A. 整体轮廓的原型　主要指立面和剖面的轮廓形成的形状特征。柯布西耶"喜好的轮廓"具有极深的创作背景。

凸型　横凸型　由一个箱型表现"垂直高起"和"水平出挑"之间对比效果的最基本的原型。

反L型　反L型　强调"一端扎根大地，一端水平出挑"的效果，带来丰富多彩的外形轮廓。

十字型　十字形　每个"垂直高起的箱型"和"水平出挑的箱型"以独立的个性做对比的构架性原型。

B. 立面效果的原型　表现正立面等主要的建筑外观，是以出挑和后退作为基本形态效果的类型。

回型　回字型　立面构图的"回型"具有极其重要的原型意义，在箱型出挑这一点上是"凸型"的变形。

凹型　横凹型　与"回型"相比，此型中间一部分凹陷；同"凸型"相反，它是"中间空虚的六边形"。

衣柜型　衣柜型　是在两侧墙壁的围夹之中，强调前后方向"突出与后退"形态效果的原型。

C. 配角的原型　　"主体＋配角"（唐金型）和"配角组"（梯段型＋屋面板型）构成的附加物。

唐金型　唐金型　为使独立的几何学完型尽可能的接近于建筑，附加上"紧密连接大地的楼梯"。

侧面梯段型　侧面梯段型　侧面的楼梯在箱型上重叠产生出斜方向的运动感和出挑的组合个性。

屋面板型　屋面板型　屋顶部附加的板，在箱型上重叠出"竖向高起"的个性组合效果。

相关图书介绍

《空间表现》
——日本建筑学会　编　32开

《空间设计要素图典》
——日本建筑学会　编　32开

《空间设计技法图典》
——日本建筑学会　编　32开

《住宅设计师笔记》
——泉幸甫　　　等著　32开

《图解建筑外部空间设计要点》
——猪狩达夫　　编　16开

《医疗福利设施的室内设计》
——二井真理子　等著　32开

《建筑结构设计精髓》
——深泽义和　　　著　32开

《居住的学问》
——杉本贤司　　　著　32开

《紧凑型城市规划与设计》
——海道清信　　　著　32开

《世界住居》
——布野修司　　　著　32开

《城市革命》
——黑川纪章　　　著　32开

《建筑设备环境设计——写给建筑师》
——伊藤真人　　著　16开

相关图书介绍

《空间要素》
　　——日本建筑学会　编　32 开　248 页　48 元

《日本建筑院校毕业设计优秀作品集 1》
　　——近代建筑社　编　16 开　275 页　85 元

《日本著名建筑师的毕业作品访谈 1》
　　——五十岚太郎　编　32 开　202 页　26 元

《日本著名建筑师的毕业作品访谈 2》
　　——五十岚太郎　编　32 开　202 页　26 元

《20 世纪的空间设计》
　　——矢代真己　著　32 开　254 页　28 元

《建筑造型分析与实例》
　　——宫元健次　著　16 开　134 页　28 元

《结构设计的新理念·新方法》
　　——渡边邦夫　著　32 开　148 页　20 元

《勒·柯布西耶的住宅空间构成》
　　——富永让　著　32 开　216 页　28 元

《路易斯·I·康的空间构成》
　　——原口秀昭　著　32 开　148 页　20 元

《新共生思想》
　　——黑川纪章　著　32 开　446 页　48 元

《建筑院校学生毕业设计指导》
　　——日本建筑学会　著　16 开　186 页　39 元

《建筑学的教科书》
　　——安藤忠雄　等著　32 开　　　　28 元